变电设备检修调试辅助手册

断路器分册

国网湖南省电力有限公司　组编

中国电力出版社
CHINA ELECTRIC POWER PRESS

内 容 提 要

本书总结收集了目前国内涵盖各电压等级、各主要厂家的40余种型号断路器技术参数和检修调试参数，并针对断路器检修用的仪器仪表及工具编写简介、使用规定、维护要求，对不同型号断路器技术特点、技术参数内涵进行解释说明。本书所总结的设备参数既包含铭牌与产品说明书信息，也有大修及调试所需的具体要求，适用范围广。

本书可供断路器检修管理和作业人员进行技能培训使用，也可作为相关人员的参考指导书。

图书在版编目（CIP）数据

变电设备检修调试辅助手册．断路器分册 / 国网湖南省电力有限公司组编．— 北京：中国电力出版社，2019.10

ISBN 978-7-5198-3368-8

Ⅰ．①变… Ⅱ．①国… Ⅲ．①变电所－断路器－检修－技术手册②变电所－断路器－调试－技术手册 Ⅳ．① TM63-62

中国版本图书馆 CIP 数据核字（2019）第 138451 号

出版发行：中国电力出版社

地　　址：北京市东城区北京站西街 19 号（邮政编码 100005）

网　　址：http://www.cepp.sgcc.com.cn

责任编辑：杨敏群　贾丹丹（010-63412531）

责任校对：黄　蓓　李　楠

装帧设计：王红柳　赵丽媛

责任印制：钱兴根

印　　刷：北京天宇星印刷厂

版　　次：2019 年 10 月第一版

印　　次：2019 年 10 月北京第一次印刷

开　　本：787 毫米 ×1092 毫米　16 开本

印　　张：13.75 印张

字　　数：235 千字

定　　价：48.00 元

《变电设备检修调试辅助手册》丛书编委会

《断路器分册》编写人员

主　　编： 雷云飞

副 主 编： 毛文奇　王智弘

参编人员： 彭　佳　王　彪　董　凯　谭明甜
王中和　曹景亮　谭庆科

前言

高压断路器是电力系统中重要的控制和保护设备，在电网中起着两方面的作用，一是控制作用，根据电网运行需要，用高压断路器把一部分电力设备或线路投入或退出运行；二是保护作用，高压断路器可以在电力线路或设备发生故障时将故障部分从电网快速切除，保证电网中的无故障部分正常运行。断路器的安全稳定运行对电网有着举足轻重的重要作用，同时，断路器随时待命而动、工况难以预计的使用特点，运行中易发生缺陷，断路器的维护及检修工作量大，占据一次设备工作量的30%左右。因此，编制一本断路器检修调试辅助手册，强化断路器的运维检修技术培训，方便变电专业管理人员及班组员工查阅，对提升断路器运维检修管理水平具有重要意义。

本书是国网湖南省电力有限公司设备管理部牵头组织，国网湖南省电力有限公司检修公司负责编写的《变电设备检修调试辅助手册》系列丛书中的一本，是断路器检修管理及检修作业用的参考书和指导书，既能用于人员培训，又能翔实地指导技术管理与检修作业人员。本书第 1 章结合最新的设备技术，对断路器的关键参数、主要类型进行阐释，进一步加深技术人员对断路器的理解。第 2 章针对目前国内电力系统主要使用的断路器，分电压等级、型号介绍检修调试用主要参数，并按型号附图，方便技术人员查阅。第 3 章介绍了断路器检修、调试需要用到的主要仪器仪表。第 4 章介绍了断路器检修、调试用的仪器仪表与主要机具，并分别从功能介绍、使用规定、维护要求 3 个方面加以说明。本书是一本全方位指导断路器检修和管理的图书，适用于专业人员技能培训使用。

承担本书编写的主要有国网湖南省电力有限公司检修公司的雷云飞、彭佳、王智弘、王彪、董凯、谭明甜、王中和、曹景亮、谭庆科等。本书的编者长期从事变电检修管理与技术工作，对断路器的检修调试有较为深刻的理解，深知一本内容丰富、准确的检修调试辅助手册，对于断路器检修初学者、检修工人、技术管理者的重要意义。本书的编写得到了国网湖南省电力有限公司设备管理部的指导与帮助，特别是教授级高级工程师毛文奇，参与组织本手册的编写，并审定稿件，为图书的完成和出版做了大量卓有成效的工作。对上述参与本书编写以及帮助完成本书编写的同志，在此一并表示感谢！

限于编者水平有限，书中难免存在不妥和疏漏之处，恳请广大读者批评指正。

编者

2019 年 9 月

目录

第4章 断路器检修机具 161

PART 1

第1章 断路器简介

1.1 断路器的作用及基本结构

断路器是指能够关合、承载、开断正常回路条件下的电流，并能在规定的时间内关合、承载、开断异常回路条件下电流的机械开关装置。无论电力线路处在什么状态，例如空载、负载或短路故障，当要求断路器动作时，它都应能可靠地动作，或是关合，或是开断电路。概括地讲，高压断路器在电网中起着两方面的作用：①控制作用。根据电网运行需要，用高压断路器把一部分电力设备或线路投入或退出运行，这种作用称为控制。②保护作用。高压断路器还可以在电力线路或设备发生故障时将故障部分从电网快速切除，保证电网中的无故障部分正常运行，这种作用称为保护。

根据 GB/T 1984—2014《高压交流断路器》中定义，运行频率为 50Hz、电压 3kV 及以上的断路器称为交流高压断路器，它是电力系统中最重要的控制和保护设备。本书所述断路器为交流高压断路器，不含直流断路器和低压断路器。

高压断路器的类型很多，就其结构来讲，由开断元件、支撑绝缘件、基座、操动机构、绝缘套管 5 个部分组成。如图 1-1 所示，在上述 5 个组成部分中，开断元件是断路器用来进行关合、承载和开断正常工作电流和故障电流的执行元件，包括触头、导电部分和灭弧室等。断路器的控制、保护等任务都需由开断元件来完成。其他组成部分都是为配合开断元件完成上述任务而设置的。

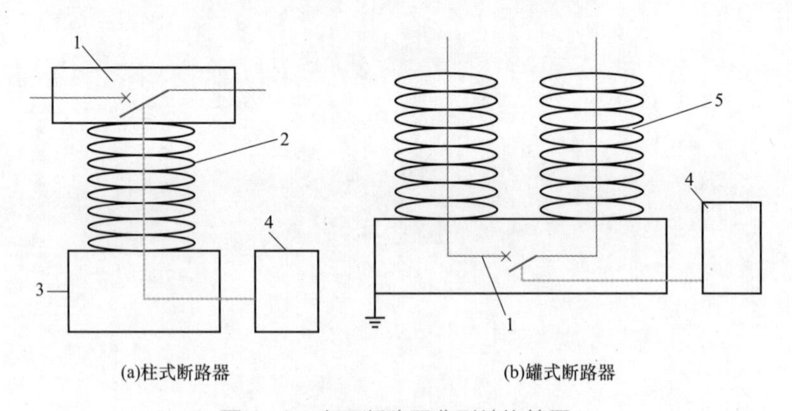

图 1-1　高压断路器典型结构简图

1—开断元件；2—支撑绝缘件；3—基座；4—操动机构；5—绝缘套管

开断元件一般安装在绝缘支柱上，使处于高电位的触头、导电部分及灭弧室与地电位绝缘，绝缘支柱则安装在接地的基座上。这类结构称为外壳带电断路器，也称为柱式断路器，如图 1-1（a）所示。

另一类结构的断路器称为外壳接地断路器（落地罐式断路器），如图 1-1（b）所示。开断元件放在接地的箱壳中，采用气体（压缩空气或六氟化硫）或液体（变压器油）作为绝缘介质。导电部分经套管引入，结构比较稳定，常在高压和超高压断路器中使用，抗地震性能好。

触头的分合动作是靠操动机构来带动的，常用的操动机构有电磁操动机构、弹簧操动机构、气动操动机构及液压（液压弹簧）操动机构等。

1.2 高压断路器的类型

1.2.1 按安装地点分类

高压断路器按安装地点可分为户内式和户外式。

1.2.2 按控制及保护对象分类

根据控制、保护对象的不同，高压断路器大致可以分为发电机断路器、输电断路器、配电断路器、控制断路器、隔离断路器。

（1）发电机断路器——控制、保护发电机用的断路器。断路器的额定电压在 40.5kV 以下，额定电流大，不需要快速自动重合闸。

（2）输电断路器——用于 110（63）kV 及以上输电系统中的断路器。其中 110、220kV 电压等级断路器称为高压断路器，330kV 及以上电压等级断路器称为超高压断路器。输电断路器除要求具备快速自动重合闸功能外，还要求具备开合近区故障、失步故障、架空线路和电缆线路充电电流的能力。由于电压高，断路器的结构也比较复杂。

（3）配电断路器——用于 35（63）kV 及以下的配电系统中的断路器。这类断路器除要求具备快速自动重合闸的功能，有时还要求具备开合电容器组（单个电容器组或多个并联电容器组）和电缆线路充电电流的能力，由于电压低，断路器的结构较简单。

（4）控制断路器——用于控制、保护经常需要启停的电力设备（如高压电动机、电弧炉等）的断路器。断路器的额定电压在 1kV 以下。要求断路器能够频繁操作并具有高的机械和电寿命。

（5）隔离断路器——用于 110（63）kV 及以上输变电系统，实现断路器、互感器、隔离开关一体化制造，具备传统断路器功能的同时具备隔离开关功能，节省土地和投资。国际电工委员会（IEC）于 2005 年发布了专门的隔离断路器标准。

1.2.3 按照灭弧介质分类

按断路器所采用的灭弧介质可分为油断路器、SF_6 断路器、真空断路器、混合气体断路器。

（1）油断路器。采用变压器油作为灭弧介质的称为油断路器。其中的变压器油除了作灭弧介质外，还作为触头开断后的断口间绝缘以及带电部分与接地外壳之间的绝缘介质的断路器，称为多油断路器。变压器油只作为灭弧介质和触头开断后的绝缘介质，不作为带电导体部分对地之间的绝缘，带电部分对地的绝缘采用瓷件或其他介质的，则称为少油断路器。由于油断路器易发生火灾、爆炸，因此油断路器具有检修周期短、使用寿命短等缺点，从而直接影响供电的可靠性，故在发达国家已经淘汰。有的国家也已明文规定不准再使用油断路器，目前我国油断路器的使用也在快速下降，逐步被真空断路器和 SF_6 断路器所代替，国网绝大部分地区电网已经实现无油化。

（2）SF_6 断路器。SF_6 断路器是采用具有优质绝缘性能和灭弧性能的六氟化硫（SF_6）气体作为绝缘介质和灭弧介质的断路器，它具有油断路器不可比拟的灭弧能力。由于 SF_6 断路器具有优异的灭弧能力，使其燃弧时间很短，电流开断能力大，触头的烧损腐蚀轻微，触头能在比较高的温度下运行而不劣化。此外，SF_6 气体具有优越的绝缘特性，电气绝缘距离可以大幅下降，结构更为紧凑，节省空间，而且操作功率小，噪声小。SF_6 断路器是完全密封的，与大气隔绝，故其特别适用于有爆炸性危险的场合。SF_6 断路器的缺点是结构比较复杂、要求较高的密封性能、价格较贵。

（3）真空断路器。真空断路器所采用的绝缘和灭弧介质是高真空。由于真空中几乎没有什么气体分子可供游离导电，在灭弧过程中没有气体的冲击，故在关合或开断时，对断路器杆件的振动较小，可频繁操作。真空断路器中少量的导电粒子很容易向周围真空扩散，其真空的绝缘度比其他灭弧介质的绝缘强度高得多。真空断路器还具有灭弧速度快、触头不易氧化、体积小、使用寿命长等优点。真空断路器无火灾、爆炸的危险，能适用于各种场合，且维护工作量少。

（4）混合气体断路器。由于 SF_6 气体在寒冷的环境温度下，一定压力下的 SF_6 气体将会液化，压力或密度降低，其绝缘性能会相应下降。经研究，在 SF_6 气体中混入一定比例的其他惰性气体，可有效解决这一问题。目前使用较多的是 SF_6+N_2 或 SF_6+CF_4 混合气体。另外，阿尔斯通 2015 年研制了一种新型 G3 气体断路器，可替代 SF_6 气体断路器用于高压电气设备，但目前推广应用有限，暂未在国内使用。

目前用得较多的是真空断路器和 SF_6 断路器。

1.3 高压断路器型号的含义

（1）国产高压断路器型号的全部标识包括以下几个部分。

□1□2□3 - □4□5 / □6□7

1 表示断路器的种类，即 S——少油；D——多油；K——压缩空气；Z——真空；L——六氟化硫；Q——自产气；C——磁吹；G——隔离。

2 表示使用场合，即 N——户内式；W——户外式。

3、4、5、6、7 依次表示为设计序号、额定电压（kV）、其他补充工作特性标志（如 G——改进型，D——增容，W——防污等），额定电流（A）、额定短路开断电流（kA）。

（2）进口断路器根据厂家不同，其型号及含义各不相同，以西门子产品为例如下。

□1□2□3□4 - □5□6

1 表示相数，即 1——单相；3——三相。

2 表示类型，即 A——交流；D——直流。

3 表示开断时间，即 Q——三周波开断；P——带绝缘喷嘴的灭弧室；T——两周波开断。

4 表示每相断口数，即 1——单断口；2——双断口。

5 表示机构类型，即 E——液压；F——弹簧；D——罐式。

6 表示结构特征，即 E——分相共基座；G——三相共基座；I——分相分基座。

例如：西门子 3AQ1-EG 型断路器中，3 表示 3 相，A 表示交流，Q 表示三周波开断，1 表示单断口，E 表示液压机构，G 表示三相共基座。

（3）操动机构产品型号的含义。

[1][2][3] - [4][5]

1 表示产品名称，其中 C 代表操动机构。

2 表示机构型式，即 S——手动；D——电磁式；T——弹簧式；Y——液压式。

3 表示设计序号，通常为 1、2、3 等。

4 表示派生标志。

5 表示特征标志。

1.4 高压断路器的主要参数

断路器的参数是衡量断路器工作性能的重要指标，也是合理选用断路器的依据。现将断路器的主要技术参数介绍如下：

（1）额定电压。额定电压表示断路器在运行中能长期承受的系统最高电压。断路器在运行中长期承受的电压不得超过其额定值。根据 GB 1984—2014《交流高压断路器》的规定，高压断路器的额定电压分为 3.6、7.2、12、40.5、72.5、126、252、363、550、800kV，近年来新增 1000kV 系统用额定电压为 1100kV 的特高压交流断路器。

断路器的一切技术参数均是按其额定电压值进行核算的。当使用地点的系统电压低于其额定值时，除非另有规定，原定的断路器技术参数不得随意扩大。

断路器工作时还应耐受高于额定电压的各种过电压，而不会导致绝缘的损坏。标志这方面性能的参数有 1min 工频耐受电压、雷电冲击耐受电压和操作冲击耐受电压。具体数值与断路器的额定电压有关，可参考 GB 1984—2014《交流高压断路器》等相关标准。

（2）额定电流。它指在规定的环境温度下，断路器主回路能够连续承载的电流有效值，单位是 A。我国生产的断路器额定电流等级为 200、400、600、1000、1250、1600、2000、3150、4000、5000、6300、8000、10000、12500、16000、20000A。其中超特高压断路器额定电流一般选取 4000、5000、6300、8000A。

（3）额定短路开断电流。它是标志高压断路器开断短路故障能力的参数。它是断路器在规定条件下能保证正常开断的最大短路电流。通常以触头分离瞬间短路电流交流分量有效值和直流分量的百分数表示。如果直流分量不超过 20%，额定短路开断电流仅由交流分量的有效值来表征。

（4）额定短时耐受电流，又称额定热稳定电流。它是指在规定的使用和性能条件下，在确定的短时间内，断路器在合闸位置所能承载的电流有效值。

（5）额定短路持续时间，又称额定热稳定时间。它是指断路器在合闸位置所能承载其额定短时耐受电流的时间间隔，这一时间通常为 1 ~ 4s。

（6）额定峰值耐受电流，又称额定动稳定电流。它是指在规定的使用和性能条件下，断路器在合闸位置所能耐受的额定短时耐受电流第一个大半波的峰值电流，即额定短路开断电流乘以 2.5，对发电机断路器这一系数按发电机断路器标准另定。

（7）额定短路关合电流。它是指断路器在额定电压以及规定的使用和性能条件下，能保证正常关合的最大短路峰值电流。

对断路器来说，额定峰值耐受电流、额定短时耐受电流、额定短路开断电流都是同一短路电流在不同操作情况下，或不同时刻出现的电流有效值或峰值。

对一般断路器：

额定短时耐受电流 = 额定短路开断电流

额定峰值耐受电流 = 额定短路关合电流 = 额定短路开断电流 ×2.5（根据系统直流分量衰减的时间常数为 45ms 推算）

（8）额定失步关合和开断电流。断路器两侧的电网间失去或缺乏同步时的关合和开断的最大电流，额定失步关合和开断电流的规定是非强制性的，如有规定，工频恢复电压和瞬态电压应符合 GB 1984—2014《交流高压断路器》的要求。除非另有规定，额定失步开断电流一般为额定短路开断电流的 25%，额定失步关合电流为额定失步开断电流的峰值。

（9）额定线路充电开断电流。断路器在额定电压下所能开断的最大线路充电电流。额定线路充电开断电流要求对 72.5kV 及以上断路器是强制性的。

（10）近区故障开断电流。对于 72.5kV 及以上断路器，额定短路开断电流大于 12.5kA，直接与架空输电线路连接的三相断路器，要求具有近区故障性能。近区故障开断电流分为额定短路开断电流的 90%、75% 两级，名称叫作 L_{90}、L_{75}，见 GB 4474—1992《交流高压断路器的近区故障试验》。

（11）分闸时间。断路器接到分闸指令瞬间起到所有相中弧触头分离瞬间的时间间隔。

（12）燃弧时间。它是指某相中首先起弧瞬间起到各相中电弧最终熄灭的时间间隔。

（13）开断时间。它是标志断路器开断过程快慢的参数。开断时间是指断路器接到分闸指令瞬间起到所有各相中电弧最终熄灭的时间间隔。开断时间为分闸时间和燃弧时间之和，如图 1-2 所示。

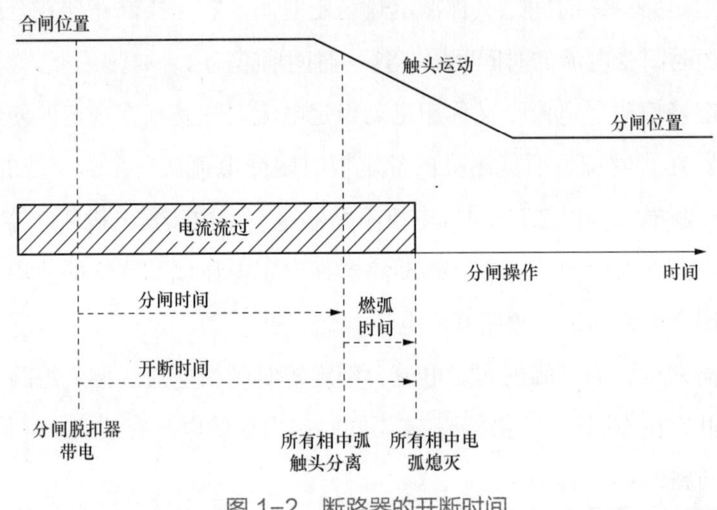

图 1-2　断路器的开断时间

（14）合闸时间。它是指断路器接到合闸指令瞬间起到所有相触头都接触的时间间隔。

（15）预击穿时间。它是指断路器关合时，从任意一相中首先出现电流到所有相中触头都接触瞬间的时间间隔。

（16）关合时间。它是指断路器接到合闸指令瞬间起到任意一相中首先通过电流瞬间的时间间隔。它是合闸时间与预击穿时间之差，如图 1-3 所示。

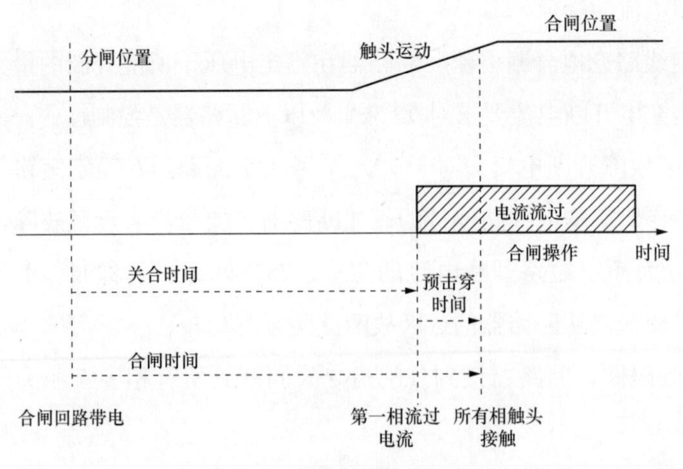

图 1-3　断路器的关合时间

（17）操作循环。当线路发生短路故障时，继电保护发出信号，断路器开断短路故障；然后，经过很短时间又自动重合。断路器重合后，如故障并未消除，断路器必须再次开断短路故障。此后，在有的情况下，由运行人员在断路器第二次开断短路故障后经过一定时间（如 180s）再令断路器关合电路，称作强送电。强送电后，故障如仍未消除，断路器还需第三次开断短路故障。上述过程称为断路器的自动重合闸操作循环。断路器重合闸如图 1-4 所示。

自动重合闸的操作循环为：分—θ—合分—t—合分。

非自动重合闸的操作循环为：分—t—合分—t—合分。

其中，“分”表示分闸操作，“合分”表示合闸后无任何有意延时就立即进行分闸操作，θ 表示无电流间隔时间，即断路器断开故障电路，从所有相电弧均已熄灭起到随后重新关合时任意一相中开始通过电流的时间间隔，标准为 0.3s 或 0.5s。t 表示运行人员强送的时间，标准为 180s。

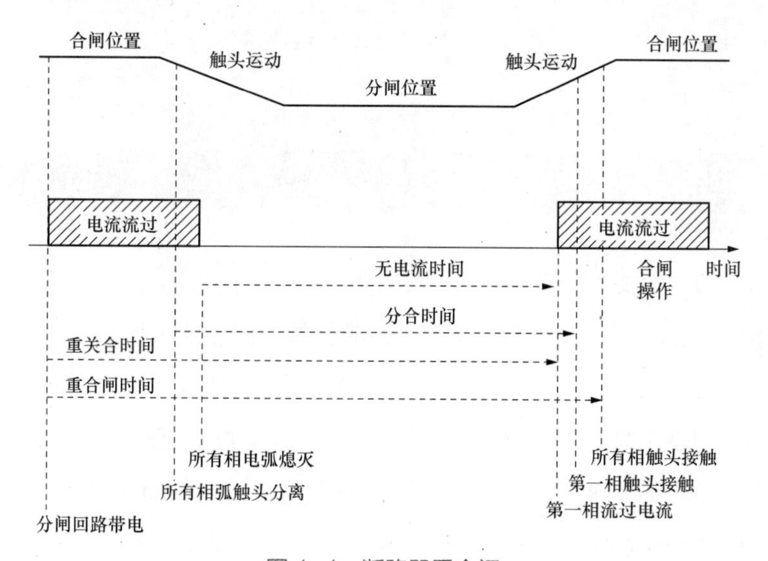

图 1-4　断路器重合闸

（18）合分时间，又称金属短接时间。它是断路器动、静触头在重合闸过程中第一个“合”开始机械性接触起，直到重合闸第二个“分”又机械性地脱离接触止之间的时间间隔。它代表重合又再分时动、静触头处于接通的时间区段。

（19）首开极系数。三相电力系统中，三相短路第一相开断后，在断路器安装处的完好相和另两短路相之间的工频电压与短路消除后同一处相电压之比。

（20）爬电距离。根据 GB/T 2900.83—2008《电工术语　电的和磁的器件》定义，爬电距离是指具有电位差的两导电部件之间沿固体绝缘表面的最短距离，如图 1–5 虚线所示。公称爬电比距指爬电距离与线电压之比，单位为 cm/kV。统一爬电比距指爬电距离与相电压之比，单位为 mm/kV。统一爬电比距 = 公称爬电比距 $\times 1.732 \times 10$。

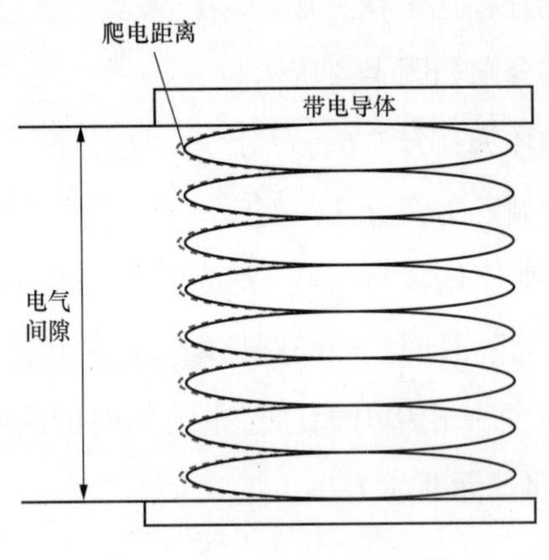

图 1–5　电气间隙与爬电距离

1.5　断路器基本要求

对断路器的基本要求如下：

（1）工作可靠。断路器在额定条件下，应能长期可靠地工作。

（2）应具有足够的断路能力。由于电网电压较高，电流较大，当断路器在开断电路时，触头间会出现电弧，只有将电弧熄灭，电路才算是断开。因此，要求断路器有足够的断路能力。尤其在短路故障时，应能可靠地切断短路电流，并保证具有足够的热稳定度和动稳定度。

（3）具有尽可能短的切断时间。当电力网发生短路故障时，要求断路器能迅速地切断故障电路，这样可以缩短电力网的故障时间和减轻短路电流对电气设备的危害。在超高压电网中，迅速切断故障电路，可以增加电力系统的稳定性。因此，分闸时间是高压断路器的一个重要参数。

（4）结构简单、价格低廉。在要求安全可靠的同时，还应考虑到经济性，因此，应有尽可能长的机械寿命和电气寿命，并要求结构简单、体积小、质量轻、安装维护方便。

PART 2

第2章 断路器技术参数

2.1 750kV 电压等级断路器

LW13-800/Y 罐式 SF_6 断路器铭牌及检修调试数据见表 2-1，LW13-800/Y 罐式 SF_6 断路器如图 2-1 所示。

表 2-1　LW13-800/Y 罐式 SF_6 断路器铭牌及检修调试数据（西电）

铭牌及出厂主要技术数据					
数据名称	单位	数据	数据名称	单位	数据
额定电压	kV	800	首开级系数		—
额定电流	A	5000	额定操作顺序		O-0.3s-CO-180s-CO
额定频率	Hz	50	1min 工频耐受电压（对地 / 断口）	kV	960/960+460
额定短路开断电流	kA	50	雷电冲击耐受电压（对地 / 断口）	kV	2100/2560
短路电流开断次数	次	—	操作冲击耐受电压（对地 / 断口）	kV	—
额定失步开断电流	kA	—	SF_6 气体额定压力（20℃）	MPa	0.6
近区故障开断电流	kA	L90：45；L75：37.5	SF_6 补气报警压力（20℃）	MPa	0.55
额定线路充电开合电流（有效值）	A	—	SF_6 最低功能压力（20℃）	MPa	0.50
额定短时耐受电流	kA	50	气体用量	kg	—
额定短路持续时间	kA	3	三相断路器质量	kg	—
峰值耐受电流（峰值）	kA	135	机械寿命	次	≥5000
关合短路电流（峰值）	kA	135	爬电比距（对地）	mm/kV	25
检修及调试数据					
数据名称	单位	数据	数据名称	单位	数据
触头开距	mm	—	合闸速度	m/s	—
触头行程	mm	—	分闸时间	ms	≤20
触头超行程	mm	—	合闸时间	ms	≤100
工作缸行程	mm	—	全开断时间	ms	≤40
分闸速度	m/s	—	各相极间合闸不同期	ms	—
			三相相间合闸不同期	ms	—

续表

检修及调试数据					
数据名称	单位	数据	数据名称	单位	数据
操动机构		液压碟簧机构	合闸电阻提前接入时间	ms	—
分闸线圈电流	A	1.43/3.06（CYA4） 1.43/3（CYA8）	合闸电阻值（每相）	Ω	—
各相极间合闸不同期	ms	—	均压电容器电容值（每个断口）	pF	—
三相相间分闸不同期	ms	—	电阻断口的合分时间	ms	—
			主回路电阻值	μΩ	—
金属短接时间（合－分时间）	ms	—	合闸线圈电流	A	1.43/3.06（CYA4） 1.43/3（CYA8）
重合闸无电流间歇时间	ms	—	操作回路额定电压	V	DC220、DC110

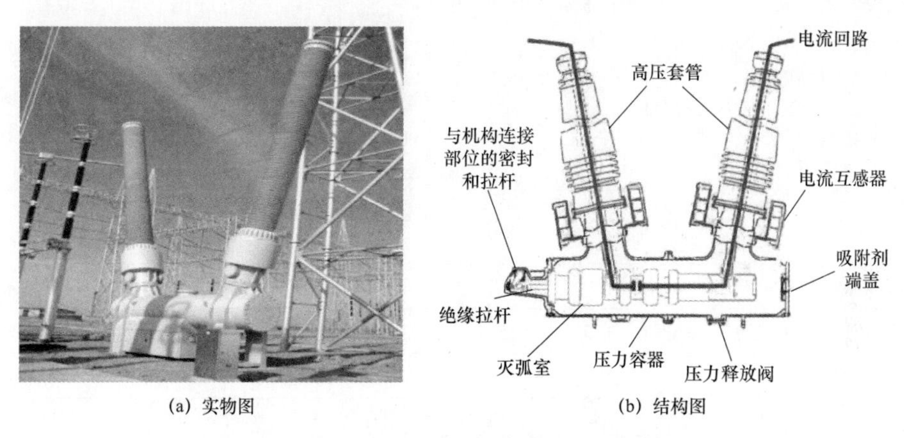

(a) 实物图　　(b) 结构图

图 2-1　LW13-800/Y 罐式 SF_6 断路器

2.2　500kV 电压等级断路器

2.2.1　HPL550B2 断路器

HPL550B2 型 SF_6 断路器铭牌及检修调试数据见表 2-2，其实物图和结构图如图 2-2 所示。

表 2-2　　HPL550B2 型 SF_6 断路器铭牌及检修调试数据（ABB）

铭牌及出厂主要技术数据							
数据名称	单位	数据		数据名称	单位	数据	
额定电压	kV	550		首开级系数		1.3	
额定电流	A	4000		额定操作顺序		O–0.3s–CO–180s–CO	
额定频率	Hz	50		1min 工频耐受电压（湿试）（对地 / 断口）	kV	860（出厂值）/460（出厂值） 860（型式试验值）/680+318（型式试验值）	
额定短路开断电流	kA	50	63	雷电冲击耐受电压 1.2/50μs（对地 / 断口）	kV	1675/1550+450	
短路电流开断次数	次	20		操作冲击耐受电压 250/2500μs（对地 / 断口）	kV	1175/1050+450	
额定失步开断电流	kA	12.5	15.75	SF_6 气体额定压力（20℃）（abs）	MPa	0.7	
近区故障开断电流	kA	L90：45/56.7		SF_6 补气报警压力（20℃）（abs）	MPa	0.62	
额定线路充电开断电流（有效值）	A	500		SF_6 最低功能压力（20℃）（abs）	MPa	0.6	
额定短时耐受电流	kA	50	63	额定压力下三相断路器中的气体量	kg	56	
额定短路持续时间	s	3		三相断路器质量	kg	3 × 2399	
峰值耐受电流（峰值）	kA	125	158	机械寿命	次	10000	
关合短路电流（峰值）	kA	125	158	爬电距离（对地 / 断口）	mm	14514/16660	
检修及调试数据							
数据名称	单位	数据		数据名称	单位	数据	
触头开距	mm	—		各相极间合闸不同期	ms	3	
行程	mm	208 ± 4	210 ± 4	三相相间分闸不同期	ms	3	
触头超行程	mm	—		各相极间分闸不同期	ms	2	
工作缸行程	mm	—		金属短接时间（合 – 分时间）	ms	42 ~ 52	46 ~ 60
分闸速度	m/s	8.6 ~ 9.0	7.1 ~ 7.4	重合闸无电流间歇时间	s	0.3（可调）	
合闸速度	m/s	4.6 ~ 4.8	4.2 ~ 4.6	合闸电阻提前接入时间	ms	8 ~ 12	9 ~ 13
分闸时间	ms	20 ± 2	22 ± 2	合闸电阻值	Ω	429	
合闸时间	ms	≤65	≤65	均压电容器电容值（每个断口）	pF	1600	

续表

检修及调试数据					
数据名称	单位	数据	数据名称	单位	数据
全开断时间	ms	≤40	电阻断口的合分时间	ms	—
三相相间合闸不同期	ms	5	主回路电阻值	μΩ	≤78
操动机构		弹簧	电机额定功率	W/ 相	2350
分闸线圈电阻值	Ω	210 ± 10% 112 ± 10% 53 ± 10%	电机额定转速	r/min	—
分闸线圈匝数	匝	—	电机额定电压	V	DC220、DC110、AC220
合闸线圈电阻值	Ω	210 ± 10% 112 ± 10% 53 ± 10%	操作回路额定电压	V	DC220、DC110
合闸线圈匝数	匝	—	弹簧机构储能时间	s	≤20

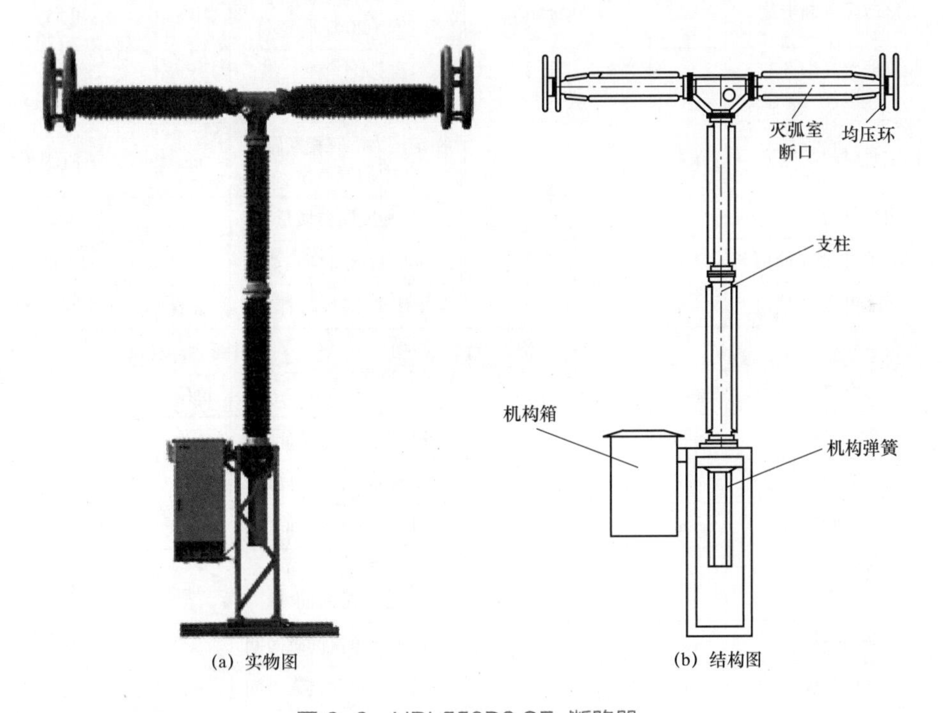

(a) 实物图　(b) 结构图

图 2-2　HPL550B2 SF_6 断路器

2.2.2　GL317 断路器

GL317 型断路器铭牌及检修调试数据见表 2-3。GL317 SF_6 断路器如图 2-3 所示。

表 2-3　　GL317 型断路器铭牌及检修调试数据（ALSTOM）

铭牌及出厂主要技术数据					
数据名称	单位	数据	数据名称	单位	数据
额定电压	kV	550	首开级系数		1.3
额定电流	A	4000	额定操作顺序		O–0.3s–CO–180s–CO
额定频率	Hz	50	1min 工频耐受电压（对地 / 断口）	kV	740/740+318
额定短路开断电流	kA	63	雷电冲击耐受电压（对地 / 断口）	kV	1675/1675+315
短路电流开断次数	次	14	操作冲击耐受电压（对地 / 断口）	kV	1300/1175+450
额定失步开断电流	kA	15.75	SF_6 气体额定压力（20℃）	MPa	0.65
近区故障开断电流	kA	L90：56.7	SF_6 补气报警压力（20℃）	MPa	0.54
额定线路充电开断电流	A	500	最低功能压力	MPa	0.51
额定短时耐受电流	kA	63	额定压力下三相断路器中的气体量	kg	81.5
额定短路持续时间	s	3	三相断路器质量	kg	8957
峰值耐受电流（峰值）	kA	160	机械寿命	次	10000
关合短路电流（峰值）	kA	160	爬电距离（对地 / 断口）	mm	13750/17050
检修及调试数据					
数据名称	单位	数据	数据名称	单位	数据
触头开距	mm	—	各相极间合闸不同期	ms	2
行程	mm	125 ± 2	三相相间分闸不同期	ms	≤2
触头超行程	mm	—	各相极间分闸不同期	ms	1
工作缸行程	mm	—	金属短接时间（合 – 分时间）	ms	≤60ms
分闸速度	m/s	—	重合闸无电流间歇时间	s	0.3
合闸速度	m/s	—	合闸电阻提前接入时间	ms	—
分闸时间	ms	≤24	合闸电阻值	Ω	400
合闸时间	ms	≤105	均压电容器电容值（每个断口）	pF	1200
全开断时间	ms	50	电阻断口的合分时间	ms	50
三相相间合闸不同期	ms	≤4	主回路电阻值	μΩ	≤55

续表

检修及调试数据					
数据名称	单位	数据	数据名称	单位	数据
操动机构		弹簧	电机额定功率	W	1580
分闸线圈电阻值	Ω	—	电机额定转速	r/min	—
分闸线圈匝数	匝	—	电机额定电压	V	AC220/DC220/110
合闸线圈电阻值	Ω	—	操作回路额定电压	V	AC220/DC220/110
合闸线圈匝数	匝	—	弹簧机构储能时间	s	≤7

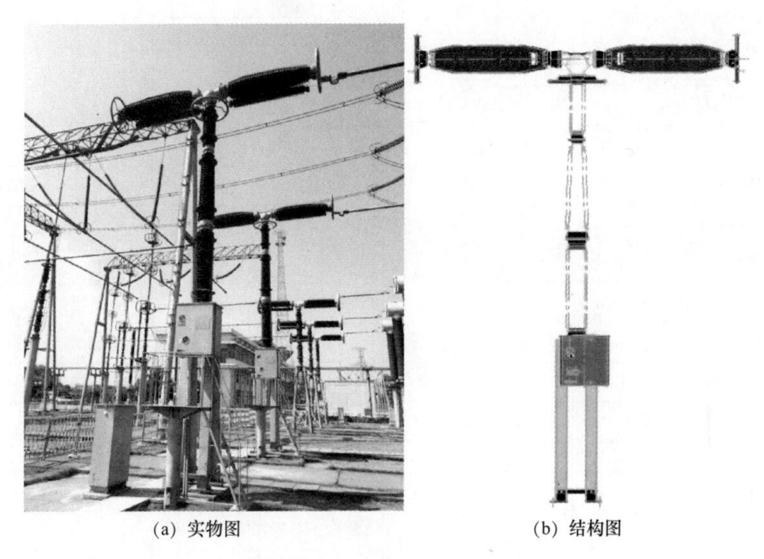
(a) 实物图　　(b) 结构图

图 2-3　GL317 SF_6 断路器

2.2.3　LW15A-550 瓷柱断路器

LW15A-550 瓷柱断路器铭牌及检修调试数据见表 2-4。LW15A-550 瓷柱断路器如图 2-4 所示。

表 2-4　　LW15A-550 瓷柱断路器铭牌及检修 调试数据（西开）

铭牌及出厂主要技术数据					
数据名称	单位	数据	数据名称	单位	数据
额定电压	kV	550	首开级系数		1.3
额定电流	A	4000	额定操作顺序		O－0.3s－CO－180s－CO
额定频率	Hz	50	1min 工频耐受电压（对地 / 断口）	kV	740/740 ＋ 315
额定短路开断电流	kA	63	雷电冲击耐受电压 1.2/50μs（对地 / 断口）	kV	1675/1675+450

续表

铭牌及出厂主要技术数据					
数据名称	单位	数据	数据名称	单位	数据
短路电流开断次数	次	16	操作冲击耐受电压（对地 / 断口）	kV	1300/1175+450
额定失步开断电流	kA	16	SF_6 气体额定压力（20℃）	MPa	0.6
近区故障开断电流 L90/L75	kA	L90：56.7；L75：47.3	SF_6 补气报警压力（20℃）	MPa	0.55
额定线路充电开断电流	A	由实际线路长度决定	SF_6 最低功能压力（20℃）	MPa	0.5
额定短时耐受电流	kA	63	额定压力下三相断路器中的气体量	kg	105
额定短路持续时间	s	3	三相断路器质量	kg	9000
峰值耐受电流（峰值）	kA	160	机械寿命	次	≥5000
关合短路电流（峰值）	kA	160	爬电距离（对地）	mm	13750/16500
检修及调试数据					
数据名称	单位	数据	数据名称	单位	数据
触头开距	mm	203	各相极间合闸不同期	ms	≤4
行程	mm	225～232	三相相间分闸不同期	ms	≤3
触头超行程	mm	27±2	各相极间分闸不同期	ms	≤2
液压弹簧机构活塞杆行程	mm	205	金属短接时间（合－分时间）	ms	60
分闸速度	m/s	8.2～11	重合闸无电流间歇时间	s	0.3
合闸速度	m/s	2.4～3.5	合闸电阻提前接入时间	ms	8～11
分闸时间	ms	14～20	合闸电阻值	Ω	400×（1±5%）
合闸时间	ms	65～90	均压电容器电容值（每个断口）	pF	2000×（1±5%）
全开断时间	ms	≤70	电阻断口的合分时间	ms	—
三相相间合闸不同期	ms	≤2	主回路电阻值	μΩ	≤75
操动机构		液压弹簧	安全阀开启油压（20℃）	MPa	55.6±1.3
额定油压（20℃）	MPa	53.1±2.5	安全阀关闭油压（20℃）	MPa	—
油泵停止油压（20℃）	MPa	53.1±2.5	合闸一次油压降（20℃）	MPa	—
油泵启动油压（20℃）	MPa	52.9±2.5	分闸一次油压降（20℃）	MPa	—
重合闸闭锁油压（20℃）	MPa	52.6±2.5	分－合分一次油压降（20℃）	MPa	—
重合闸闭锁解除油压（20℃）	MPa	—	分闸线圈电阻值	Ω	154（DC220V）/36（DC110V）
合闸闭锁油压（20℃）	MPa	48.2±2.5	分闸线圈匝数	匝	—
合闸闭锁解除油压（20℃）	MPa	—	合闸线圈电阻值	Ω	154（DC220V）/36（DC110V）

续表

检修及调试数据					
数据名称	单位	数据	数据名称	单位	数据
分闸闭锁油压（20℃）	MPa	48.2 ± 2.5	合闸线圈匝数	匝	—
分闸闭锁解除油压（20℃）	MPa	—	操作回路额定电压	V	DC 220
油泵电动机额定电压	V	AC 220/ DC 220/DC 110			

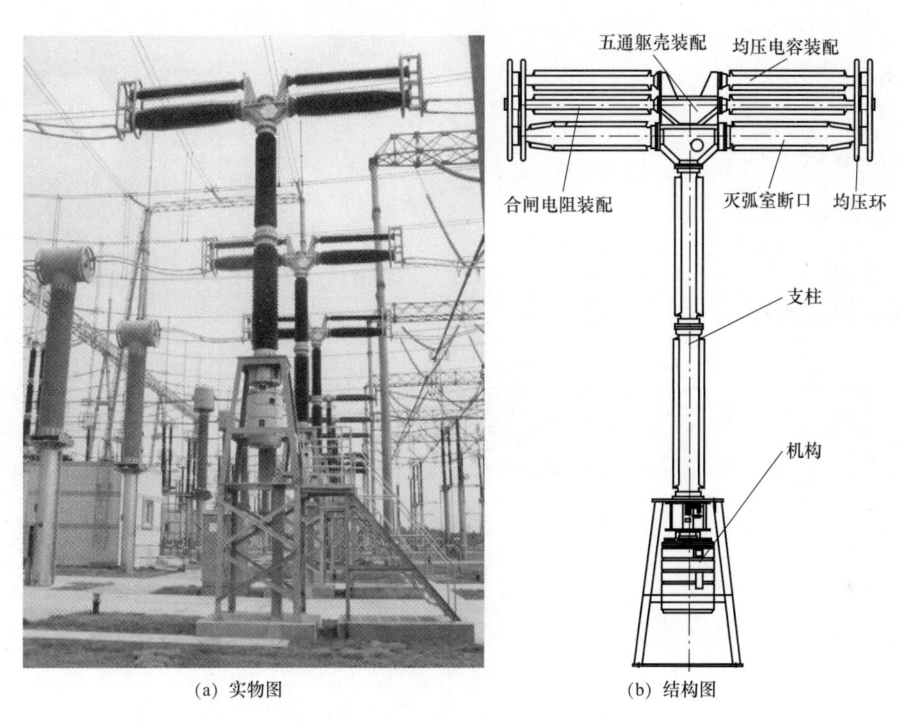

(a) 实物图　　(b) 结构图

图 2-4　LW15A-550 瓷柱断路器

2.2.4　3AP2FI 断路器

3AP2FI 断路器铭牌及检修调试数据见表 2-5。3AP2FI 断路器如图 2-5 所示。

表 2-5　　3AP2FI 断路器铭牌及检修调试数据（SIEMENS）

铭牌及出厂主要技术数据					
数据名称	单位	数据	数据名称	单位	数据
额定电压	kV	550	首开级系数		—
额定电流	A	4000/5000	额定操作顺序		O–0.3s–CO–180s–CO
额定频率	Hz	50	1min 工频耐受电压（对地 / 断口）	kV	740/740+315

续表

铭牌及出厂主要技术数据					
数据名称	单位	数据	数据名称	单位	数据
额定短路开断电流	kA	63	雷电冲击耐受电压（对地 / 断口）	kV	1675/1675+450
短路电流开断次数	次	—	操作冲击耐受电压（对地 / 断口）	kV	1175/1175+450
额定失步开断电流	kA	—	SF_6 气体额定压力（20℃）	bar	6.0
近区故障开断电流	kA	L90：56.7	SF_6 补气报警压力（20℃）	bar	5.2
额定线路充电开断电流（标幺值 1.4）	A	500	SF_6 最低功能压力（20℃）	bar	5.0
额定短时耐受电流	kA	63	额定压力下三相断路器中的气体量	kg	74.1
额定短路持续时间	s	3	三相断路器质量	kg	7160
峰值耐受电流（峰值）	kA	157.5	机械寿命	次	—
关合短路电流（峰值）	kA	157.5	爬电距离（对地 / 断口）	mm	17050/18760
检修及调试数据					
数据名称	单位	数据	数据名称	单位	数据
触头开距	mm	—	各相极间合闸不同期	ms	≤3
行程	mm	—	三相相间分闸不同期	ms	≤3
触头超行程	mm	—	各相极间分闸不同期	ms	≤2
工作缸行程	mm	—	金属短接时间（合 – 分时间）	ms	40 ± 10
分闸速度	m/s	—	重合闸无电流间歇时间	s	0.3
合闸速度	m/s	—	合闸电阻提前接入时间	ms	—
分闸时间	ms	21 ± 2	合闸电阻值	Ω	—
合闸时间	ms	63 ± 6	均压电容器电容值（每个断口）	pF	—
全开断时间	ms	40	电阻断口的合分时间	ms	—
三相相间合闸不同期	ms	≤5	主回路电阻值	μΩ	—
操动机构		弹簧	电机额定功率	W	—
分闸线圈电阻值	Ω	—	电机额定转速	r/min	—
分闸线圈匝数	匝	—	电机额定电压	V	DC220/DC110
合闸线圈电阻值	Ω	—	操作回路额定电压	V	DC220/DC110
合闸线圈匝数	匝	—	弹簧机构储能时间	s	—

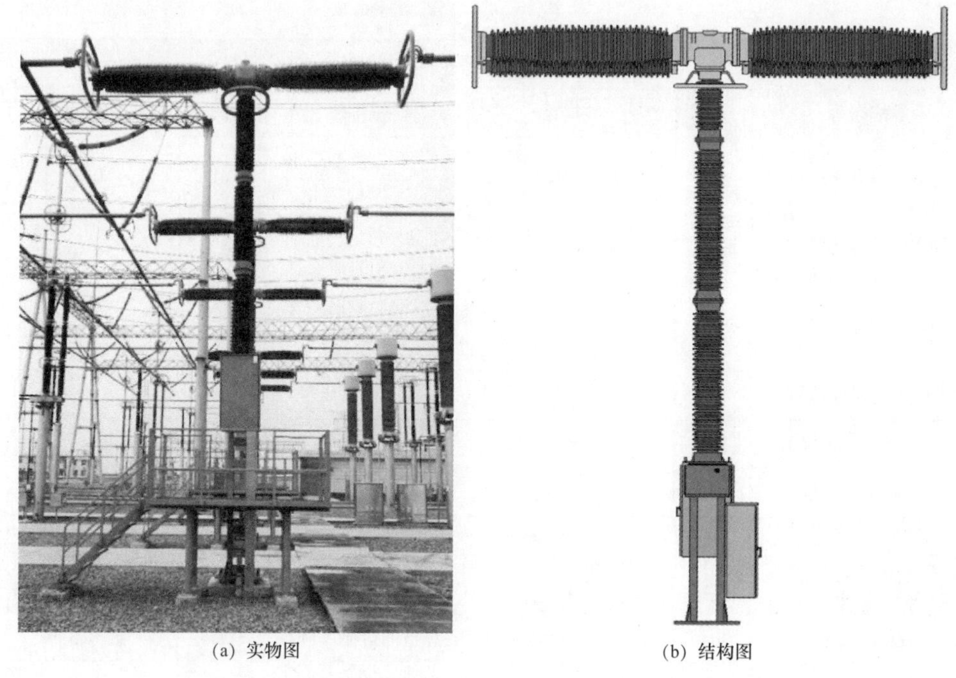
(a) 实物图　　(b) 结构图

图 2-5　SIEMENS 3AP2FI 断路器

2.2.5　3AP2DT 罐式断路器

3AP2DT 罐式断路器铭牌及检修调试数据见表 2-6。3AP2DT 罐式断路器如图 2-6 所示。

表 2-6　3AP2DT 罐式断路器铭牌及检修调试数据（SIEMENS）

铭牌及出厂主要技术数据					
数据名称	单位	数据	数据名称	单位	数据
额定电压	kV	550	首开级系数		—
额定电流	A	4000	额定操作顺序		O-0.3s-CO-180s-CO
额定频率	Hz	50	1min 工频耐受电压（对地 / 断口）	kV	740/800
额定短路开断电流	kA	63	雷电冲击耐受电压（对地 / 断口）	kV	1550/1865
短路电流开断次数	次	—	操作冲击耐受电压（对地 / 断口）	kV	1175/1350
额定失步开断电流	kA	—	SF_6 气体额定压力（20℃）	MPa	0.56

续表

铭牌及出厂主要技术数据					
数据名称	单位	数据	数据名称	单位	数据
近区故障开断电流	kA	L90：56.7	SF_6 补气报警压力（20℃）	MPa	0.52
额定线路充电开断电流（标幺值 1.3）	A	500	SF_6 最低功能压力（20℃）	MPa	0.50
额定短时耐受电流	kA	63	额定压力下三相断路器中的气体量	kg	7290
额定短路持续时间	s	3	三相断路器质量	kg	19200
峰值耐受电流（峰值）	kA	157.5	机械寿命	次	—
关合短路电流（峰值）	kA	157.5	爬电距离（对地）	mm	15125
检修及调试数据					
数据名称	单位	数据	数据名称	单位	数据
触头开距	mm	—	各相极间合闸不同期	ms	≤3
行程	mm	—	三相相间分闸不同期	ms	≤3
触头超行程	mm	—	各相极间分闸不同期	ms	≤2
工作缸行程	mm	—	金属短接时间（合－分时间）	ms	34 ± 10
分闸速度	m/s	—	重合闸无电流间歇时间	s	0.3
合闸速度	m/s	—	合闸电阻提前接入时间	ms	—
分闸时间	ms	21 ± 2	合闸电阻值	Ω	—
合闸时间	ms	60 ± 6	均压电容器电容值（每个断口）	pF	—
全开断时间	ms	≤50	电阻断口的合分时间	ms	—
三相相间合闸不同期	ms	≤5	主回路电阻值	μΩ	—
操动机构		弹簧	电机额定功率	W	—
分闸线圈电阻值	Ω	—	电机额定转速	r/min	—
分闸线圈匝数	匝	—	电机额定电压	V	DC220 DC110/AC220
合闸线圈电阻值	Ω	—	操作回路额定电压	V	DC220/DC110
合闸线圈匝数	匝	—	弹簧机构储能时间	s	—

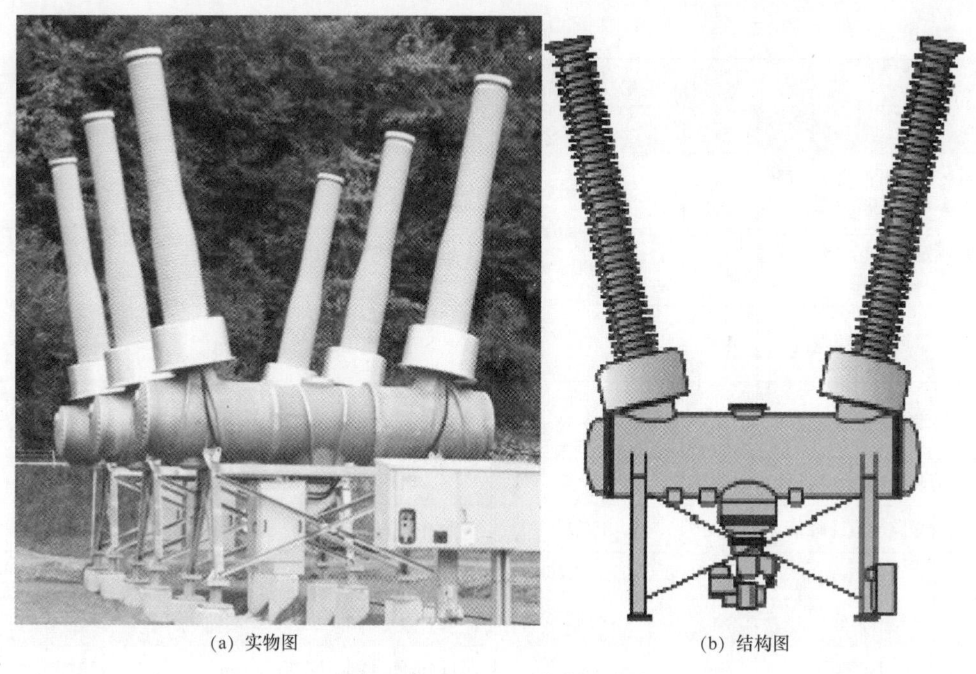

(a) 实物图　　(b) 结构图

图 2-6　3AP2DT 罐式断路器

2.2.6　LW10B-550 SF_6 断路器

LW10B-550 SF_6 断路器铭牌及检修调试数据见表 2-7。LW10B-550 SF_6 断路器如图 2-7 所示。

表 2-7　LW10B-550 SF_6 断路器铭牌及检修调试数据（平高）

铭牌及出厂主要技术数据					
数据名称	单位	数据	数据名称	单位	数据
额定电压	kV	550	首开级系数		1.3
额定电流	A	4000	额定操作顺序		O-0.3s-CO-180s-CO
额定频率	Hz	50	1min 工频耐受电压（对地 / 断口）	kV	740/740+（315）
额定短路开断电流	kA	63	雷电冲击耐受电压 1.2/50μs（对地 / 断口）	kV	1675/1675+（450）
短路电流开断次数	次	20	操作冲击耐受电压 250/2500μs（对地 / 断口）	kV	1300/1175+（450）
额定失步开断电流	kA	15.75	SF_6 气体额定压力（20℃）	MPa	0.6

续表

铭牌及出厂主要技术数据					
数据名称	单位	数据	数据名称	单位	数据
近区故障开断电流 L75/L90	kA	47.25/56.7	SF_6 补气报警压力（20℃）	MPa	0.52 ± 0.015
额定线路充电开断电流	A	500	SF_6 最低功能压力（20℃）	MPa	0.50 ± 0.015
额定短时耐受电流	kA	63	SF_6 气体用量	kg	85（带电阻）/ 70（不带电阻）
额定短路持续时间	s	3	三相断路器质量	kg	14000（带电阻）/ 11000（不带电阻）
峰值耐受电流（峰值）	kA	157.5	机械寿命	次	5000
关合短路电流（峰值）	kA	157.5	爬电距离（对地）	mm	15125

检修及调试数据					
数据名称	单位	数据	数据名称	单位	数据
触头开距	mm	160	各相极间合闸不同期	ms	≤3
触头行程	mm	200 ± 2	三相相间分闸不同期	ms	≤3
触头超行程	mm	40 ± 4	各相极间分闸不同期	ms	≤2
工作缸行程	mm	180 ± 1.6	金属短接时间（合－分时间）	ms	50 ~ 60
分闸速度	m/s	8.5 ± 1	重合闸无电流间歇时间	s	0.3
合闸速度	m/s	4.4 ± 0.5	合闸电阻提前接入时间	ms	7–11
分闸时间	ms	20^{+3}_{-2}	合闸电阻值（每相）	Ω	400 ± 5%
合闸时间	ms	65 ± 15	均压电容器电容值（每个断口）	pF	2500 ± 5%
全开断时间	ms	≤40	电阻断口的合分时间	ms	25 ~ 50
三相相间合闸不同期	ms	≤5	主回路电阻值	μΩ	100
操动机构		CYT 型液压	安全阀开启油压	MPa	37.5^{+2}_{0}
额定油压	MPa	32.6	安全阀关闭油压	MPa	≥32
预充氮气压力（15℃）	MPa	18^{+1}_{0}	合闸一次油压降	MPa	≤1.8
油泵停止油压（20℃）	MPa	$32.6^{+1.5}_{0}$	分闸一次油压降	MPa	≤3
油泵启动油压（20℃）	MPa	31.6 ± 1.0	分－合分一次油压降	MPa	≤7
重合闸闭锁油压（20℃）	MPa	30.5 ± 1.0	分闸线圈电阻值	Ω	110（DC220）/ 27.5（DC110）

续表

检修及调试数据					
数据名称	单位	数据	数据名称	单位	数据
重合闸闭锁解除油压（20℃）	MPa	≤32.6	分闸线圈匝数	匝	—
合闸闭锁油压（20℃）	MPa	27.8 ± 0.8	合闸线圈电阻值	Ω	110（DC220）/27.5（DC110）
合闸闭锁解除油压（20℃）	MPa	≤29.8	合闸线圈匝数	匝	—
分闸闭锁油压（20℃）	MPa	25.8 ± 0.7	操作回路额定电压	V	DC110/DC220
分闸闭锁解除油压（20℃）	MPa	≤27.8	油泵电动机额定电压	V	DC220/AC220

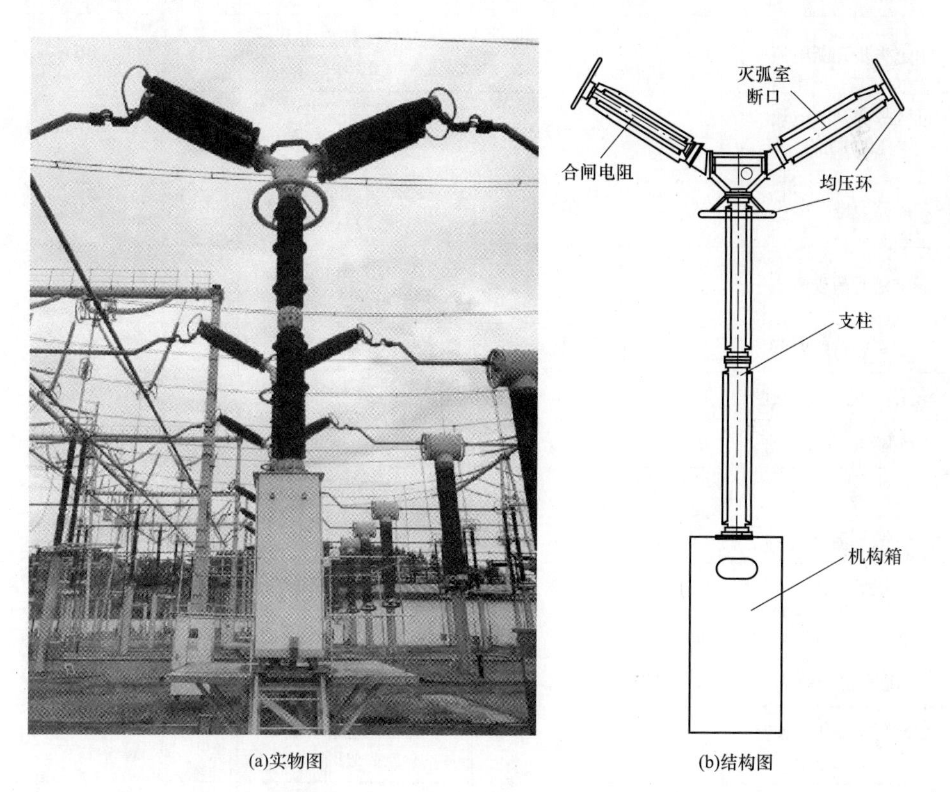

(a)实物图　(b)结构图

图 2-7　LW10B-550 SF_6 断路器

2.2.7　ZF16-550 断路器

ZF16-550 断路器铭牌及检修调试数据见表 2-8。ZF16-550 SF_6 断路器如图 2-8 所示。

表 2-8　　　　　ZF16-550 断路器铭牌及检修调试数据（泰开）

铭牌及出厂主要技术数据					
数据名称	单位	数据	数据名称	单位	数据
额定电压	kV	550	首开级系数		1.3
额定电流	A	5000	额定操作顺序		O–0.3Ss–CO–180sS–CO
额定频率	Hz	50	1min 工频耐受电压（对地 / 断口）	kV	740/740+315
额定短路开断电流	kA	63	雷电冲击耐受电压 1.2/50μs（对地 / 断口）	kV	1675/1675+420
短路电流开断次数	次	20	操作冲击耐受电压（对地 / 断口）	kV	1300/1175+420
额定失步开断电流	kA	15.75	SF_6 气体额定压力（20℃）	MPa	0.6
近区故障开断电流 L90/L75	kA	56.7/47.3	SF_6 补气报警压力（20℃）	MPa	0.53
额定线路充电开断电流	A	500	SF_6 最低功能压力（20℃）	MPa	0.5
额定短时耐受电流	kA	63	额定压力下三相断路器中的气体量	kg	900
额定短路持续时间	s	3	三相断路器质量	kg	6000
峰值耐受电流（峰值）	kA	160	机械寿命	次	10000
关合短路电流（峰值）	kA	160	爬电距离（对地）	mm	18755
检修及调试数据					
数据名称	单位	数据	数据名称	单位	数据
触头开距	mm	143	各相极间合闸不同期	ms	3
行程	mm	200	三相相间分闸不同期	ms	3
触头超行程	mm	52	各相极间分闸不同期	ms	2
液压弹簧机构活塞杆行程	mm	200	金属短接时间（合 – 分时间）	ms	80
分闸速度	m/s	9.5 ± 0.5	重合闸无电流间歇时间	s	0.3
合闸速度	m/s	3.5 ± 0.5	合闸电阻提前接入时间	ms	8 ~ 11
分闸时间	ms	40	合闸电阻值	Ω	425
合闸时间	ms	80	均压电容器电容值（每个断口）	pF	500
全开断时间	ms	50	电阻断口的合分时间	ms	40

续表

检修及调试数据					
数据名称	单位	数据	数据名称	单位	数据
三相相间合闸不同期	ms	5	主回路电阻值	μΩ	70
操动机构		液压弹簧	安全阀开启油压	MPa	56±1
额定油压（20℃）	MPa	55±2	安全阀关闭油压	MPa	—
油泵停止油压（20℃）	MPa	55±2	合闸一次油压降	MPa	—
油泵启动油压（20℃）	MPa	54±2	分闸一次油压降	MPa	—
重合闸闭锁油压（20℃）	MPa	53.5±2	分－合分一次油压降	MPa	—
重合闸闭锁解除油压（20℃）	MPa	—	分闸线圈电阻值	Ω	154
合闸闭锁油压（20℃）	MPa	50±2	分闸线圈匝数	匝	—
合闸闭锁解除油压（20℃）	MPa	—	合闸线圈电阻值	Ω	154
分闸闭锁油压（20℃）	MPa	47±2	合闸线圈匝数	匝	—
分闸闭锁解除油压（20℃）	MPa	—	操作回路额定电压	V	DC220
油泵电动机额定电压	V	AC220/DC220			

(a) 实物图

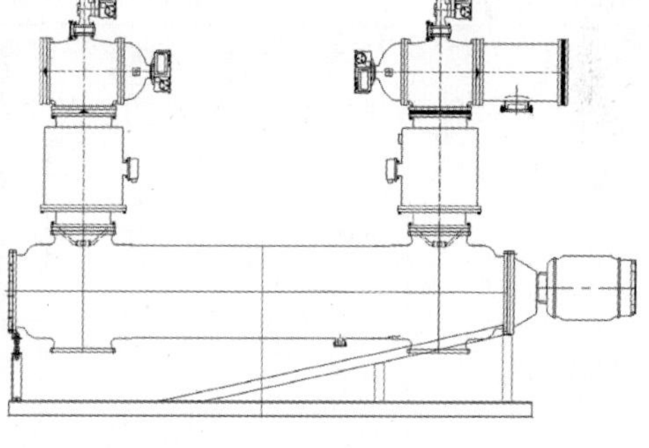

(b) 结构图

图 2-8　ZF16-550 SF_6 断路器

2.2.8　DT2-550 罐式断路器

DT2-550 罐式断路器铭牌及检修调试数据见表 2-9。DT2-550 罐式断路器如图 2-9 所示。

表 2-9　DT2-550 罐式断路器铭牌及检修调试数据（ALSTOM）

铭牌及出厂主要技术数据					
数据名称	单位	数据	数据名称	单位	数据
额定电压	kV	550	首开级系数		1.3
额定电流	A	4000	额定操作顺序		O–0.3s–CO–180s–CO
额定频率	Hz	50	1min 工频耐受电压（湿试）（对地 / 断口）	kV	— 740/740+318
额定短路开断电流	kA	63	雷电冲击耐受电压 1.2/50μs（对地 / 断口）	kV	1675/1675+315
短路电流开断次数	次	14	操作冲击耐受电压 250/2500μs（对地 / 断口）	kV	1300/1175+450
额定失步开断电流	kA	15.75	SF_6 气体额定压力（20℃）	MPa	0.65
近区故障开断电流	kA	L90：56.7	SF_6 补气报警压力（20℃）	MPa	0.54
额定线路充电开断电流	A	160	SF_6 最低功能压力（20℃）	MPa	0.51
额定短时耐受电流	kA	63	额定压力下三相断路器中的气体量	kg	525
额定短路持续时间	s	3	三相断路器质量	kg	11700
峰值耐受电流（峰值）	kA	160	机械寿命	次	10000
关合短路电流（峰值）	kA	160	爬电距离（对地 / 断口）	mm	4250
检修及调试数据					
数据名称	单位	数据	数据名称	单位	数据
触头开距	mm	—	各相极间合闸不同期	ms	3
行程	mm	133	三相相间分闸不同期	ms	≤2
触头超行程	mm	—	各相极间分闸不同期	ms	1
工作缸行程	mm	—	金属短接时间（合 – 分时间）	ms	≤60
分闸速度	m/s	—	重合闸无电流间歇时间	s	0.3
合闸速度	m/s	—	合闸电阻提前接入时间	ms	—
分闸时间	ms	≤27	合闸电阻值	Ω	—
合闸时间	ms	≤96	均压电容器电容值（每个断口）	pF	1200
全开断时间	ms	50	电阻断口的合分时间	ms	—
三相相间合闸不同期	ms	≤5	主回路电阻值	μΩ	120

续表

检修及调试数据					
数据名称	单位	数据	数据名称	单位	数据
操动机构		弹簧	电机额定功率	W/ 相	1800
分闸线圈电阻值	Ω	—	电机额定转速	r/min	—
分闸线圈匝数	匝	—	电机额定电压	V	AC220/ DC220/DC110
合闸线圈电阻值	Ω	—	操作回路额定电压	V	AC220/ DC220/DC110
合闸线圈匝数	匝	—	弹簧机构储能时间	s	≤7

(a) 实物图

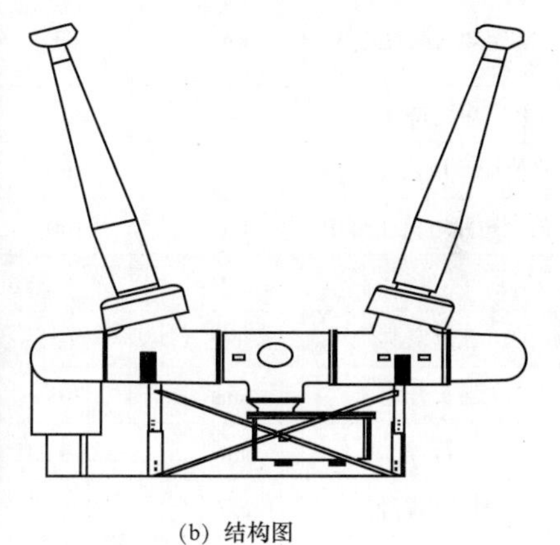
(b) 结构图

图 2-9　DT2-550 罐式断路器

2.2.9　LW15A-550 瓷柱式断路器

LW15A-550 瓷柱式断路器主要参数见表 2-10。LW15A-550 瓷柱式断路器如图 2-10 所示。

表 2-10　　LW15A-550 瓷柱式断路器主要参数（西开）

铭牌及出厂主要技术数据					
数据名称	单位	数据	数据名称	单位	数据
额定电压	kV	550	首开级系数		1.3
额定电流	A	4000	额定操作顺序		O-0.3s-CO- 180s-CO
额定频率	Hz	50	1min 工频耐受电压 （对地 / 断口）	kV	740/740+315
额定短路开断电流	kA	63	雷电冲击耐受电压 1.2/50μs（对地 / 断口）	kV	1675/1675+450

续表

铭牌及出厂主要技术数据					
数据名称	单位	数据	数据名称	单位	数据
短路电流开断次数	次	16	操作冲击耐受电压（对地 / 断口）	kV	1300/1175+450
额定失步开断电流	kA	16	SF_6 气体额定压力（20℃）	MPa	0.6
近区故障开断电流 L90/L75	kA	L90:56.7；L75:47.3	SF_6 补气报警压力（20℃）	MPa	0.55
额定线路充电开断电流	A	由实际线路长度决定	SF_6 最低功能压力（20℃）	MPa	0.5
额定短时耐受电流	kA	63	额定压力下三相断路器中的气体量	kg	105
额定短路持续时间	s	3	三相断路器质量	kg	9000
峰值耐受电流（峰值）	kA	160	机械寿命	次	≥5000
关合短路电流（峰值）	kA	160	爬电距离（对地 / 断口）	mm	13750/16500
检修及调试数据					
数据名称	单位	数据	数据名称	单位	数据
触头开距	mm	203	各相极间合闸不同期	ms	≤4
行程	mm	225 ~ 232	三相相间分闸不同期	ms	≤3
触头超行程	mm	27 ± 2	各相极间分闸不同期	ms	≤2
液压弹簧机构活塞杆行程	mm	205	金属短接时间（合 – 分时间）	ms	60
分闸速度	m/s	8.2 ~ 11	重合闸无电流间歇时间	s	0.3
合闸速度	m/s	2.4 ~ 3.5	合闸电阻提前接入时间	ms	8 ~ 11
分闸时间	ms	14 ~ 20	合闸电阻值	Ω	400 ×（1 ± 5%）
合闸时间	ms	65 ~ 90	均压电容器电容值（每个断口）	pF	2000 ×（1 ± 5%）
全开断时间	ms	≤70	电阻断口的合分时间	ms	—
三相相间合闸不同期	ms	≤2	主回路电阻值	μΩ	≤75
操动机构		液压弹簧	安全阀开启油压	MPa	55.6 ± 1.3
额定油压（20℃）	MPa	53.1 ± 2.5	安全阀关闭油压	MPa	—
油泵停止油压（20℃）	MPa	53.1 ± 2.5	合闸一次油压降	MPa	—
油泵启动油压（20℃）	MPa	52.9 ± 2.5	分闸一次油压降	MPa	—
重合闸闭锁油压（20℃）	MPa	52.6 ± 2.5	分 – 合分一次油压降	MPa	—
重合闸闭锁解除油压（20℃）	MPa	—	分闸线圈电阻值	Ω	154（DC220kV）/ 36（DC110kV）

续表

检修及调试数据					
数据名称	单位	数据	数据名称	单位	数据
合闸闭锁油压（20℃）	MPa	48.2 ± 2.5	分闸线圈匝数	匝	—
合闸闭锁解除油压（20℃）	MPa	—	合闸线圈电阻值	Ω	154（DC220kV）/ 36（DC110kV）
分闸闭锁油压（20℃）	MPa	48.2 ± 2.5	合闸线圈匝数	匝	—
分闸闭锁解除油压（20℃）	MPa	—	操作回路额定电压	V	DC220
油泵电动机额定电压	V	AC220/ DC220/DC110			

(a) 实物图

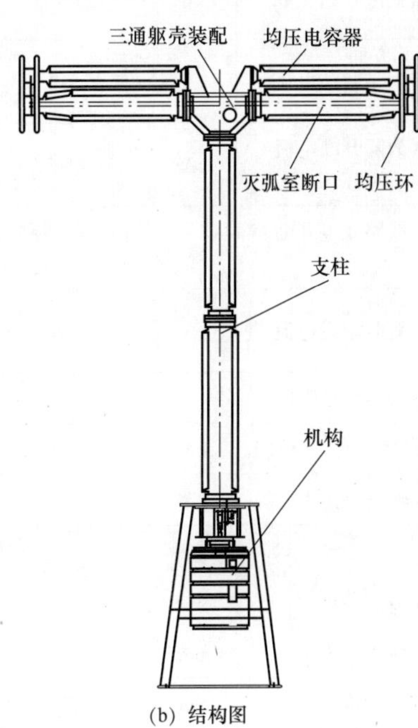

(b) 结构图

图 2-10　LW15A-550 瓷柱式断路器

2.3　330kV 电压等级断路器

2.3.1　LW15A-363 断路器

LW15A-363 断路器铭牌及检修调试数据见表 2-11。LW15A-363 断路器如图 2-11 所示。

表 2-11　　LW15A-363 断路器铭牌及检修调试数据（西开）

铭牌及出厂主要技术数据					
数据名称	单位	数据	数据名称	单位	数据
额定电压	kV	363	首开级系数		1.3
额定电流	A	5000	额定操作顺序		O–0.3s–CO–180s–CO
额定频率	Hz	50	1min 工频耐受电压（对地 / 断口）	kV	580/510+210
额定短路开断电流	kA	63	雷电冲击耐受电压 1.2/50μs（对地 / 断口）	kV	1175/1175+205
短路电流开断次数	次	≥16	操作冲击耐受电压（对地 / 断口）	kV	950/950+295
额定失步开断电流	kA	12.5	SF_6 气体额定压力（20℃）	MPa	0.6
近区故障开断电流 L90/L75	kA	45/37.5	SF_6 补气报警压力（20℃）	MPa	0.55
额定线路充电开断电流	A	由实际线路长度决定	SF_6 最低功能压力（20℃）	MPa	0.50
额定短时耐受电流	kA	63	额定压力下三相断路器中的气体量	kg	45
额定短路持续时间	s	3	三相断路器质量	kg	6600
峰值耐受电流（峰值）	kA	160	机械寿命	次	≥5000
关合短路电流（峰值）	kA	160	爬电距离（对地）	mm	10890
检修及调试数据					
数据名称	单位	数据	数据名称	单位	数据
触头开距	mm	188	各相极间合闸不同期	ms	≤2
行程	mm	225 ~ 232	三相相间分闸不同期	ms	≤3
触头超行程	mm	42 ± 2	各相极间分闸不同期	ms	≤2
液压弹簧机构活塞杆行程	mm	205 ± 1.6	金属短接时间（合 – 分时间）	ms	60
分闸速度	m/s	7.1 ~ 8.1	重合闸无电流间歇时间	s	0.3
合闸速度	m/s	3.2 ~ 4.2	合闸电阻提前接入时间	ms	8 ~ 11
分闸时间	ms	18 ~ 35	合闸电阻值	Ω	400 ×（1 ± 5%）
合闸时间	ms	70 ~ 95	均压电容器电容值（每个断口）	pF	1500 ×（1 ± 5%）
全开断时间	ms	≤70	电阻断口的合分时间	ms	—
三相相间合闸不同期	ms	≤4	主回路电阻值	μΩ	≤75

续表

检修及调试数据					
数据名称	单位	数据	数据名称	单位	数据
操动机构		液压弹簧	安全阀开启油压	MPa	48.4 ± 1.3
额定油压（20℃）	MPa	44.9 ± 2.5	安全阀关闭油压	MPa	—
油泵停止油压（20℃）	MPa	44.9 ± 2.5	合闸一次油压降	MPa	—
油泵启动油压（20℃）	MPa	44.7 ± 2.5	分闸一次油压降	MPa	—
重合闸闭锁油压（20℃）	MPa	44.4 ± 2.5	分－合分一次油压降	MPa	—
重合闸闭锁解除油压（20℃）	MPa	—	分闸线圈电阻值	Ω	154（DC220V）/ 36（DC110V）
合闸闭锁油压（20℃）	MPa	40.8 ± 2.5	分闸线圈匝数	匝	—
合闸闭锁解除油压（20℃）	MPa	—	合闸线圈电阻值	Ω	154（DC220V）/ 36（DC110V）
分闸闭锁油压（20℃）	MPa	38.1 ± 2.5	合闸线圈匝数	匝	—
分闸闭锁解除油压（20℃）	MPa	—	操作回路额定电压	V	DC220
油泵电动机额定电压	V	AC220/DC220/DC110			

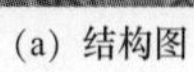

(a) 结构图

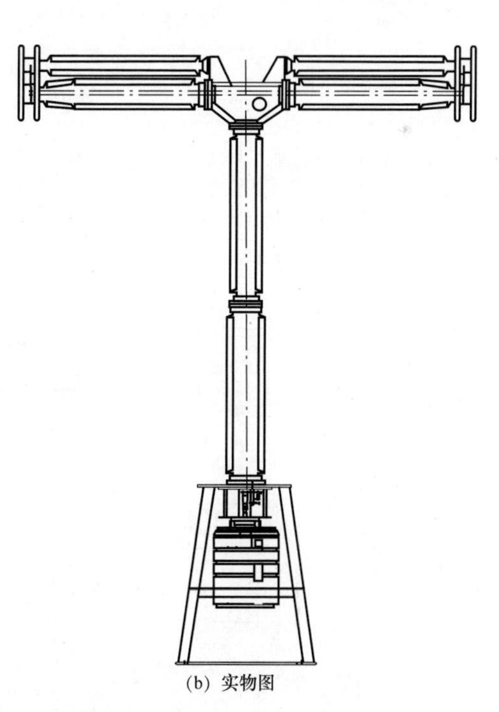

(b) 实物图

图 2-11　LW15A-363 断路器

2.3.2 LW25-363 断路器

LW25-363 断路器铭牌及检修调试数据见表 2-12。LW25-363 断路器如图 2-12 所示。

表 2-12 LW25-363 断路器铭牌及检修调试数据（西开）

铭牌及出厂主要技术数据					
数据名称	单位	数据	数据名称	单位	数据
额定电压	kV	363	首开级系数		1.3
额定电流	A	4000	额定操作顺序		O–0.3s–CO–180s–CO
额定频率	Hz	50	1min 工频耐受电压（对地 / 断口）	kV	510/510+210
额定短路开断电流	kA	50	雷电冲击耐受电压 1.2/50μs（对地 / 断口）	kV	1175/1175+205
短路电流开断次数	次	≥16	操作冲击耐受电压（对地 / 断口）	kV	1050/1050+345
额定失步开断电流	kA	12.5	SF_6 气体额定压力（20℃）	MPa	0.6
近区故障开断电流 L90/L75	kA	45/37.5	SF_6 补气报警压力（20℃）	MPa	0.55
额定线路充电开断电流	A	由实际线路长度决定	SF_6 最低功能压力（20℃）	MPa	0.50
额定短时耐受电流	kA	50	额定压力下三相断路器中的气体量	kg	45
额定短路持续时间	s	3	三相断路器质量	kg	6600
峰值耐受电流（峰值）	kA	125	机械寿命	次	≥5000
关合短路电流（峰值）	kA	125	爬电距离（对地）	mm	9075
检修及调试数据					
数据名称	单位	数据	数据名称	单位	数据
触头开距	mm	188	各相极间合闸不同期	ms	≤2
行程	mm	225 ~ 232	三相相间分闸不同期	ms	≤3
触头超行程	mm	42 ± 2	各相极间分闸不同期	ms	≤2
液压弹簧机构活塞杆行程	mm	205 ± 1.6	金属短接时间（合 – 分时间）	ms	60
分闸速度	m/s	7.1 ~ 8.1	重合闸无电流间歇时间	s	0.3
合闸速度	m/s	3.2 ~ 4.2	合闸电阻提前接入时间	ms	8 ~ 11
分闸时间	ms	18 ~ 35	合闸电阻值	Ω	400 ×（1 ± 5%）

续表

检修及调试数据					
数据名称	单位	数据	数据名称	单位	数据
合闸时间	ms	70 ~ 95	均压电容器电容值（每个断口）	pF	1500 ×（1 ± 5%）
全开断时间	ms	≤70	电阻断口的合分时间	ms	—
三相相间合闸不同期	ms	≤4	主回路电阻值	μΩ	≤65
操动机构		液压弹簧	安全阀开启油压	MPa	48.4 ± 1.3
额定油压（20℃）	MPa	44.9 ± 2.5	安全阀关闭油压	MPa	—
油泵停止油压（20℃）	MPa	44.9 ± 2.5	合闸一次油压降	MPa	—
油泵启动油压（20℃）	MPa	44.7 ± 2.5	分闸一次油压降	MPa	—
重合闸闭锁油压（20℃）	MPa	44.4 ± 2.5	分 – 合分一次油压降	MPa	—
重合闸闭锁解除油压（20℃）	MPa	—	分闸线圈电阻值	Ω	154（DC220V）/ 36（DC110V）
合闸闭锁油压（20℃）	MPa	40.8 ± 2.5	分闸线圈匝数	匝	—
合闸闭锁解除油压（20℃）	MPa	—	合闸线圈电阻值	Ω	154（DC220V）/ 36（DC110V）
分闸闭锁油压（20℃）	MPa	38.1 ± 2.5	合闸线圈匝数	匝	—
分闸闭锁解除油压（20℃）	MPa	—	操作回路额定电压	V	DC220
油泵电动机额定电压（20℃）	V	AC220/DC220/DC110			

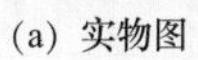

(a) 实物图

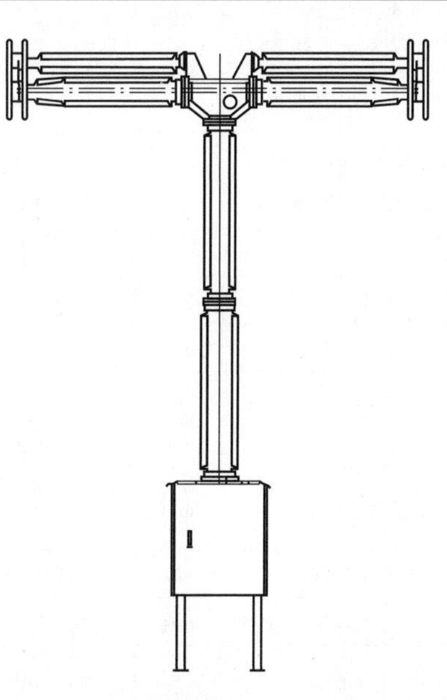

(b) 结构图

图 2-12　LW25-363 断路器

2.3.3 LW10B-363/CYT 断路器

LW10B-363/CYT 型断路器铭牌及检修调试数据见表 2-13。LW10B-363/CYT SF_6 断路器如图 2-13 所示。

表 2-13　　LW10B-363/CYT 型断路器铭牌及检修调试数据（平高）

铭牌及出厂主要技术数据					
数据名称	单位	数据	数据名称	单位	数据
额定电压	kV	363	首开级系数		—
额定电流	A	5000	额定操作顺序		O-0.3s-CO-180s-CO
额定频率	Hz	50	1min 工频耐受电压（对地 / 断口）	kV	510/510（+210）
额定短路开断电流	kA	63	雷电冲击耐受电压 1.2/50μs（对地 / 断口）	kV	1175/1175（+295）
短路电流开断次数	次	20	操作冲击耐受电压（对地 / 断口）	kV	950/850（+295）
额定失步开断电流	kA	15.75	SF_6 气体额定压力（20℃）	MPa	0.6
近区故障开断电流 L90/L75	kA	56.7/47.25	SF_6 补气报警压力（20℃）	MPa	0.55 ± 0.015
额定线路充电开断电流	A	315	SF_6 最低功能压力（20℃）	MPa	0.52 ± 0.015
额定短时耐受电流	kA	63	额定压力下三相断路器中的气体量	kg	60（不带电阻）/70（带电阻）
额定短路持续时间	s	3	三相断路器质量	kg	7590（不带电阻）/ 9540（带电阻）
峰值耐受电流（峰值）	kA	160	机械寿命	次	5000
关合短路电流（峰值）	kA	160	爬电距离（对地）	mm	11240
检修及调试数据					
数据名称	单位	数据	数据名称	单位	数据
触头开距	mm	—	各相极间合闸不同期	ms	≤3
触头行程	mm	200 ± 1.2	三相相间分闸不同期	ms	≤3
触头超行程	mm	40 ± 4	各相极间分闸不同期	ms	≤2
工作缸行程	mm	180 ± 1	金属短接时间（合 – 分时间）	ms	43 ~ 50
分闸速度	m/s	9 ± 1	重合闸无电流间歇时间	s	0.3
合闸速度	m/s	4.4 ± 0.5	合闸电阻提前接入时间	ms	8 ~ 11
分闸时间	ms	20^{+3}_{-2}	合闸电阻值（每相）	Ω	400（1 ± 5%）

续表

检修及调试数据					
数据名称	单位	数据	数据名称	单位	数据
合闸时间	ms	65 ± 15	均压电容器电容值（每个断口）	pF	2500（1 ± 5%）
全开断时间	ms	40	电阻断口的合分时间	ms	25 ~ 50
三相相间合闸不同期	ms	≤5	主回路电阻值	μΩ	≤100
操动机构		CYT 型液压	安全阀开启油压	MPa	37.5^{+2}_{0}
额定油压	MPa	32.6 ± 1.0	安全阀关闭油压	MPa	≥32.0
预充氮气压力（15℃）	MPa	18^{+1}_{0}	合闸一次油压降	MPa	≤1.8
油泵停止油压（20℃）	MPa	32.6 ± 1.0	分闸一次油压降	MPa	≤3
油泵启动油压（20℃）	MPa	31.6 ± 1.0	分 – 合分一次油压降	MPa	≤7
重合闸闭锁油压（20℃）	MPa	30.5 ± 1.0	分闸线圈电阻值	Ω	110（DC220）/ 27.5（DC110）
重合闸闭锁解除油压（20℃）	MPa	≤32.6	分闸线圈匝数	匝	—
合闸闭锁油压（20℃）	MPa	27.8 ± 0.8	合闸线圈电阻值	Ω	110（DC220）/ 27.5（DC110）
合闸闭锁解除油压（20℃）	MPa	≤29.8	合闸线圈匝数	匝	—
分闸闭锁油压（20℃）	MPa	25.8 ± 0.7	操作回路额定电压	V	DC220/DC110
分闸闭锁解除油压（20℃）	MPa	≤27.8	油泵电动机额定电压	V	AC220/DC220

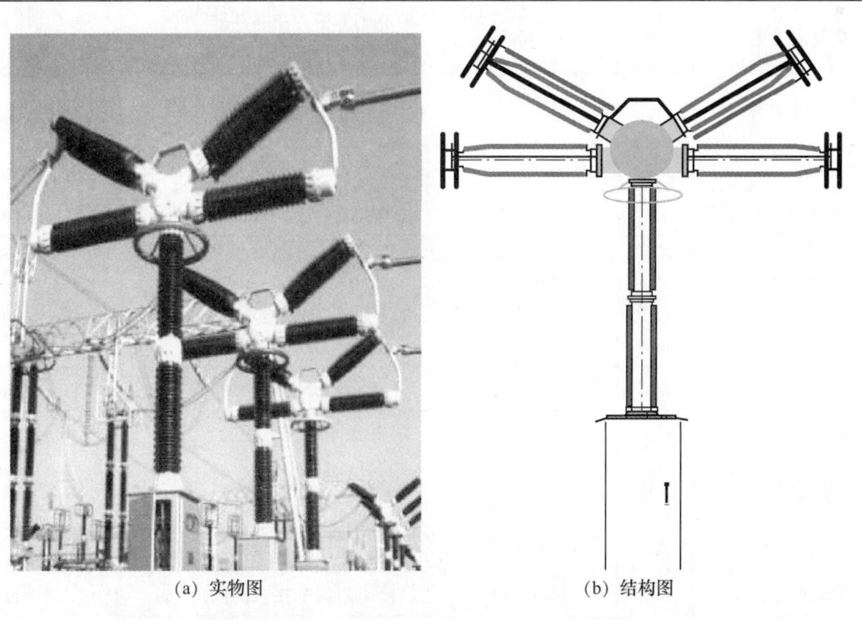

(a) 实物图　　(b) 结构图

图 2-13　LW10B-363/CYT SF_6 断路器

2.3.4 LW10B-363/YT4000 断路器

LW10B-363/YT4000 型断路器铭牌及检修调试数据见表 2-14。LW10B-363/YT4000 SF_6 断路器如图 2-14 所示。

表 2-14 LW10B-363/YT4000 型断路器铭牌及检修调试数据（平高）

铭牌及出厂主要技术数据					
数据名称	单位	数据	数据名称	单位	数据
额定电压	kV	550	首开级系数		1.3
额定电流	A	4000	额定操作顺序		O-0.3s-CO-180s-CO
额定频率	Hz	50	1min 工频耐受电压（对地 / 断口）	kV	510/（510+210）
额定短路开断电流	kA	63	雷电冲击耐受电压 1.2/50μs（对地 / 断口）	kV	1175/（1175+295）
短路电流开断次数	次	20	操作冲击耐受电压（对地 / 断口）	kV	950/（850+295）
额定失步开断电流	kA	15.75	SF_6 气体额定压力（20℃）	MPa	0.6
近区故障开断电流 L90/L75	kA	56.7/47.25	SF_6 补气报警压力（20℃）	MPa	0.52 ± 0.015
额定线路充电开断电流	A	500	SF_6 最低功能压力（20℃）	MPa	0.5 ± 0.015
额定短时耐受电流	kA	63	额定压力下三相断路器中的气体量	kg	85（带电阻）/ 70（不带电阻）
额定短路持续时间	s	3	三相断路器质量	kg	12500（带电阻）/ 9500（不带电阻）
峰值耐受电流（峰值）	kA	157.5	机械寿命	次	3000
关合短路电流（峰值）	kA	157.5	爬电距离（对地）	mm	18748
检修及调试数据					
数据名称	单位	数据	数据名称	单位	数据
触头开距	mm	—	各相极间合闸不同期	ms	≤3
行程	mm	200 ± 2	三相相间分闸不同期	ms	≤3
触头超行程	mm	40 ± 4	各相极间分闸不同期	ms	≤2
液压弹簧机构活塞杆行程	mm	180 ± 1.6	金属短接时间（合 – 分时间）	ms	45 ± 5
分闸速度	m/s	8 ± 0.6	重合闸无电流间歇时间	s	0.3
合闸速度	m/s	4.4 ± 0.5	合闸电阻提前接入时间	ms	8 ~ 11
分闸时间	ms	20^{+3}_{-2}	合闸电阻值	Ω	400 ± 5%

续表

检修及调试数据					
数据名称	单位	数据	数据名称	单位	数据
合闸时间	ms	62 ± 4	均压电容器电容值（每个断口）	pF	2500 ± 5%
全开断时间	ms	≤40	电阻断口的合分时间	ms	25 ~ 50
三相相间合闸不同期	ms	≤5	主回路电阻值	μΩ	≤100
操动机构		HMB-8.3 型弹簧液压	安全阀开启油压（20℃）	MPa	53.7 ± 2.5
额定油压（20℃）	MPa	53.1 ± 2.5	安全阀关闭油压（20℃）	MPa	≤52.8
油泵停止油压（20℃）	MPa	53.1 ± 2.5	合闸一次油压降	MPa	≤2.5
油泵启动油压（20℃）	MPa	52.8 ± 2.5	分闸一次油压降	MPa	≤3.5
重合闸闭锁油压（20℃）	MPa	52.6 ± 2.5	分 – 合分一次油压降	MPa	≤12
重合闸闭锁解除油压（20℃）	MPa	≤55.1	分闸线圈电阻值	Ω	300（DC220）/ 76（DC110）
合闸闭锁油压（20℃）	MPa	48.2 ± 2.5	分闸线圈匝数	匝	—
合闸闭锁解除油压（20℃）	MPa	≤50.7	合闸线圈电阻值	Ω	300（DC220）/ 76（DC110）
分闸闭锁油压（20℃）	MPa	45.3 ± 2.5	合闸线圈匝数	匝	—
分闸闭锁解除油压（20℃）	MPa	≤47.8	操作回路额定电压	V	DC220/DC110
油泵电动机额定电压	V	DC220/AC220			

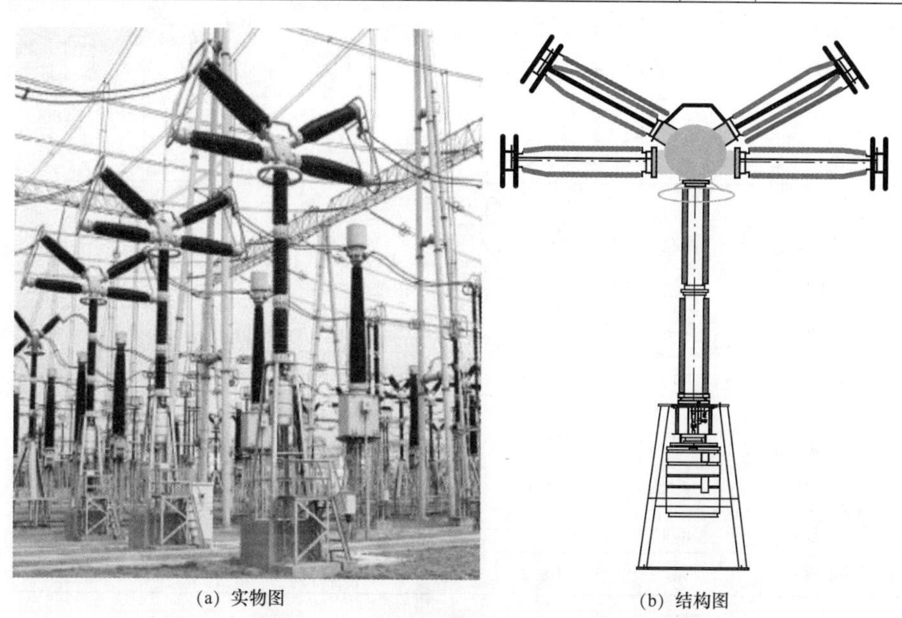

(a) 实物图　　(b) 结构图

图 2–14　LW10B–363/YT4000 SF_6 断路器

2.3.5 LW10B-363/YT5000 断路器

LW10B-363/YT5000 型断路器铭牌及检修调试数据见表 2-15。LW10B-363/YT5000 SF_6 断路器如图 2-15 所示。

表 2-15　LW10B-363/YT5000 型断路器铭牌及检修调试数据（平高）

铭牌及出厂主要技术数据					
数据名称	单位	数据	数据名称	单位	数据
额定电压	kV	363	首开级系数		1.3
额定电流	A	5000	额定操作顺序		O-0.3s-CO-180s-CO
额定频率	Hz	50	1min 工频耐受电压（对地 / 断口）	kV	510/510（+210）
额定短路开断电流	kA	63	雷电冲击耐受电压 1.2/50μs（对地 / 断口）	kV	1175/1175（+295）
短路电流开断次数	次	20	操作冲击耐受电压（对地 / 断口）	kV	950/850（+295）
额定失步开断电流	kA	15.75	SF_6 气体额定压力（20℃）	MPa	0.6
近区故障开断电流 L90/L75	kA	56.7/47.25	SF_6 补气报警压力（20℃）	MPa	0.55
额定线路充电开断电流	A	315	SF_6 最低功能压力（20℃）	MPa	0.52
额定短时耐受电流	kA	63	额定压力下三相断路器中的气体量	kg	60（不带电阻）/ 70（带电阻）
额定短路持续时间	s	3	三相断路器质量	kg	7200（不带电阻）/ 9000（带电阻）
峰值耐受电流（峰值）	kA	160	机械寿命	次	5000
关合短路电流（峰值）	kA	160	爬电距离（对地）	mm	11240
检修及调试数据					
数据名称	单位	数据	数据名称	单位	数据
触头开距	mm	—	各相极间合闸不同期	ms	≤3
行程	mm	200 ± 1.2	三相相间分闸不同期	ms	≤3
触头超行程	mm	40 ± 4	各相极间分闸不同期	ms	≤2
液压弹簧机构活塞杆行程	mm	180 ± 1.6	金属短接时间（合 - 分时间）	ms	55 ± 5
分闸速度	m/s	9 ± 1	重合闸无电流间歇时间	s	0.3
合闸速度	m/s	4.4 ± 0.5	合闸电阻提前接入时间	ms	8 ~ 11
分闸时间	ms	20 ± 2	合闸电阻值	Ω	400（1 ± 5%）

续表

检修及调试数据					
数据名称	单位	数据	数据名称	单位	数据
合闸时间	ms	65 ± 6	均压电容器电容值（每个断口）	pF	2500（1 ± 5%）
全开断时间	ms	40	电阻断口的合分时间	ms	25 ~ 50
三相相间合闸不同期	ms	≤5	主回路电阻值	μΩ	≤100
操动机构		液压弹簧	安全阀开启油压	MPa	53.7 ± 2.5
额定油压（20℃）	MPa	53.1 ± 2.5	安全阀关闭油压	MPa	≥52.8
油泵停止油压（20℃）	MPa	53.1 ± 2.5	合闸一次油压降	MPa	≤4
油泵启动油压（20℃）	MPa	52.8 ± 2.5	分闸一次油压降	MPa	≤6
重合闸闭锁油压（20℃）	MPa	52.6 ± 2.5	分－合分一次油压降	MPa	≤15
重合闸闭锁解除油压（20℃）	MPa	≤55.1	分闸线圈电阻值	Ω	300（DC220）/ 76（DC110）
合闸闭锁油压（20℃）	MPa	48.2 ± 2.5	分闸线圈匝数	匝	—
合闸闭锁解除油压（20℃）	MPa	≤50.7	合闸线圈电阻值	Ω	300（DC220）/ 76（DC110）
分闸闭锁油压（20℃）	MPa	45.3 ± 2.5	合闸线圈匝数	匝	—
分闸闭锁解除油压（20℃）	MPa	≤47.8	操作回路额定电压	V	DC220/DC110
油泵电动机额定电压	V	AC220/DC220			

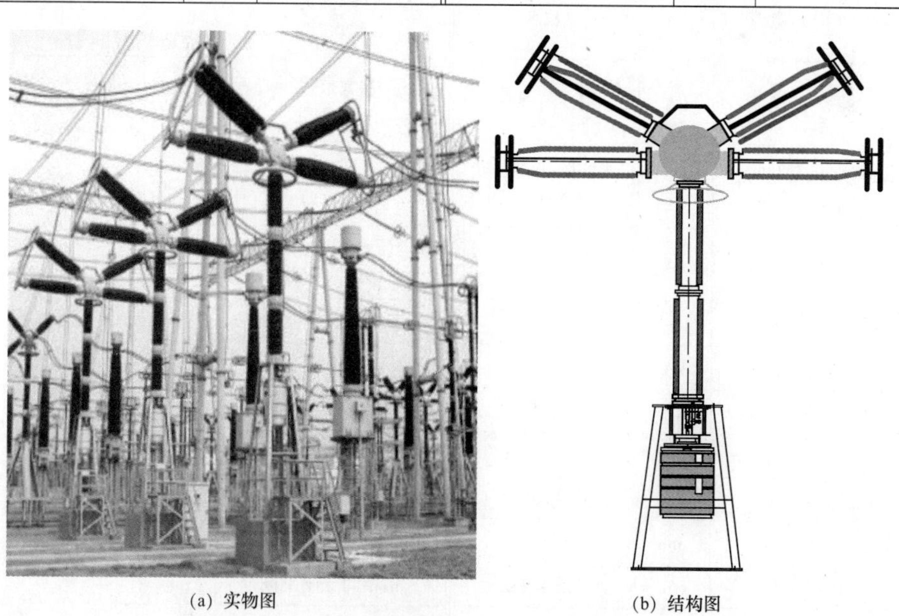

(a) 实物图　　(b) 结构图

图 2-15　LW10B-363/YT5000 SF_6 断路器

2.4 220kV 电压等级断路器

2.4.1 LW25-252 断路器

LW25-252 断路器铭牌及检修调试数据见表 2-16。LW25-252 断路器如图 2-16 所示。

表 2-16　　LW25-252 断路器铭牌及检修调试数据（西开）

铭牌及出厂主要技术数据					
数据名称	单位	数据	数据名称	单位	数据
额定电压	kV	252	首开级系数		1.3
额定电流	A	4000	额定操作顺序		O-0.3s-CO-180s-CO
额定频率	Hz	50	1min 工频耐受电压（对地 / 断口）	kV	460/460+145
额定短路开断电流	kA	50	雷电冲击耐受电压 1.2/50μs（对地 / 断口）	kV	1050/1050+200
短路电流开断次数	次	≥20	操作冲击耐受电压（对地 / 断口）	kV	—
额定失步开断电流	kA	12.5	SF_6 气体额定压力（20℃）	MPa	0.6
近区故障开断电流	kA	L90：45	SF_6 补气报警压力（20℃）	MPa	0.55
额定线路充电开断电流	A	由实际线路长度决定	SF_6 最低功能压力（20℃）	MPa	0.5
额定短时耐受电流	kA	50	额定压力下三相断路器中的气体量	kg	30
额定短路持续时间	s	3	三相断路器质量	kg	3400
峰值耐受电流（峰值）	kA	125	机械寿命	次	≥5000
关合短路电流（峰值）	kA	125	爬电距离（对地）	mm	7812
检修及调试数据					
数据名称	单位	数据	数据名称	单位	数据
触头开距	mm	192	各相极间合闸不同期	ms	—
行程	mm	225 ~ 232	三相相间分闸不同期	ms	3
触头超行程	mm	38 ± 2	各相极间分闸不同期	ms	—

续表

检修及调试数据					
数据名称	单位	数据	数据名称	单位	数据
工作缸行程	mm	225 ~ 232	金属短接时间（合－分时间）	ms	≤60
分闸速度	m/s	6.8 ~ 7.7	重合闸无电流间歇时间	ms	280 ~ 300
合闸速度	m/s	2.6 ~ 4.0	合闸电阻提前接入时间	ms	—
分闸时间	ms	≤30	合闸电阻值	Ω	—
合闸时间	ms	≤100	均压电容器电容值（每个断口）	pF	—
全开断时间	ms	≤60	电阻断口的合分时间	ms	—
三相相间合闸不同期	ms	5	主回路电阻值	μΩ	≤45
操动机构		弹簧	电机额定功率	W/ 相	450
分闸线圈电阻值	Ω	92（DC220V）、19（DC110V）	电机额定转速	r/min	480
分闸线圈匝数	匝	—	电机额定电压	V	DC220/AC220
合闸线圈电阻值	Ω	110（DC220V）、33（DC110V）	操作回路额定电压	V	DC220
合闸线圈匝数	匝	—	弹簧机构储能时间	s	≤15

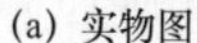

(a) 实物图

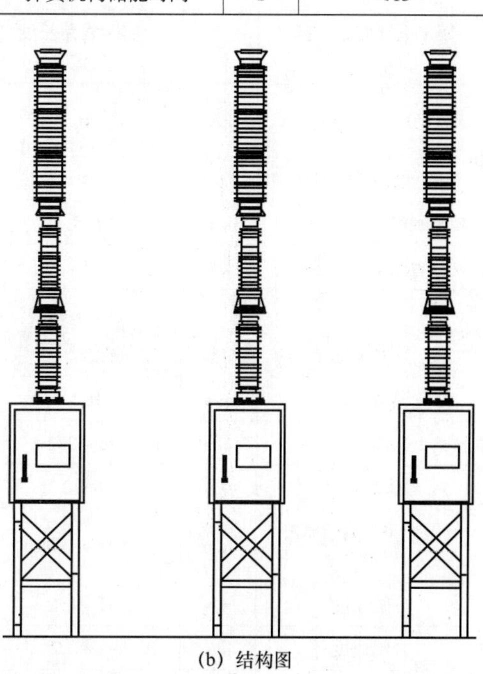

(b) 结构图

图 2-16 LW25-252 断路器

2.4.2 LW25A-252 断路器

LW25A-252 断路器铭牌及检修调试数据见表 2-17。LW25A-252 断路器如图 2-17 所示。

表 2-17　　LW25A-252 断路器铭牌及检修调试数据（西开）

铭牌及出厂主要技术数据					
数据名称	单位	数据	数据名称	单位	数据
额定电压	kV	252	首开级系数		1.3
额定电流	A	4000	额定操作顺序		O-0.3s-CO-180s-CO
额定频率	Hz	50	1min 工频耐受电压（对地 / 断口）	kV	460/460+145
额定短路开断电流	kA	50	雷电冲击耐受电压 1.2/50μs（对地 / 断口）	kV	1050/1050+200
短路电流开断次数	次	≥20	操作冲击耐受电压（对地 / 断口）	kV	—
额定失步开断电流	kA	12.5	SF_6 气体额定压力（20℃）	MPa	0.6
近区故障开断电流 L90/L75	kA	45/37.5	SF_6 补气报警压力（20℃）	MPa	0.55
额定线路充电开断电流	A	由实际线路长度决定	SF_6 最低功能压力（20℃）	MPa	0.50
额定短时耐受电流	kA	50	额定压力下三相断路器中的气体量	kg	30
额定短路持续时间	s	3	三相断路器质量	kg	3200
峰值耐受电流（峰值）	kA	125	机械寿命	次	≥5000
关合短路电流（峰值）	kA	125	爬电距离（对地 / 断口）	mm	6300/7560
检修及调试数据					
数据名称	单位	数据	数据名称	单位	数据
触头开距	mm	192	各相极间合闸不同期	ms	≤3
行程	mm	225～232	三相相间分闸不同期	ms	≤3
触头超行程	mm	38±2	各相极间分闸不同期	ms	≤2
液压弹簧机构活塞杆行程	mm	175～190	金属短接时间（合－分时间）	ms	60
分闸速度	m/s	7.1～8.1	重合闸无电流间歇时间	s	0.3
合闸速度	m/s	3.2～4.2	合闸电阻提前接入时间	ms	—
分闸时间	ms	18～35	合闸电阻值	Ω	—

续表

检修及调试数据					
数据名称	单位	数据	数据名称	单位	数据
合闸时间	ms	70 ~ 95	均压电容器电容值（每个断口）	pF	—
全开断时间	ms	≤70	电阻断口的合分时间	ms	—
三相相间合闸不同期	ms	≤5	主回路电阻值	μΩ	≤45
操动机构		液压弹簧	安全阀开启油压	MPa	55.6 ± 2.5
额定油压（20℃）	MPa	53.1 ± 2.5	安全阀关闭油压	MPa	—
油泵停止油压（20℃）	MPa	53.1 ± 2.5	合闸一次油压降	MPa	—
油泵启动油压（20℃）	MPa	—	分闸一次油压降	MPa	—
重合闸闭锁油压（20℃）	MPa	—	分 – 合分一次油压降	MPa	—
重合闸闭锁解除油压（20℃）	MPa	—	分闸线圈电阻值	Ω	154（DC220V）/ 36（DC110V）
合闸闭锁油压（20℃）	MPa	—	分闸线圈匝数	匝	—
合闸闭锁解除油压（20℃）	MPa	—	合闸线圈电阻值	Ω	154（DC220V）/ 36（DC110V）
分闸闭锁油压（20℃）	MPa	—	合闸线圈匝数	匝	—
分闸闭锁解除油压（20℃）	MPa	—	操作回路额定电压	V	DC220
油泵电动机额定电压	V	AC220/ DC220/DC110			

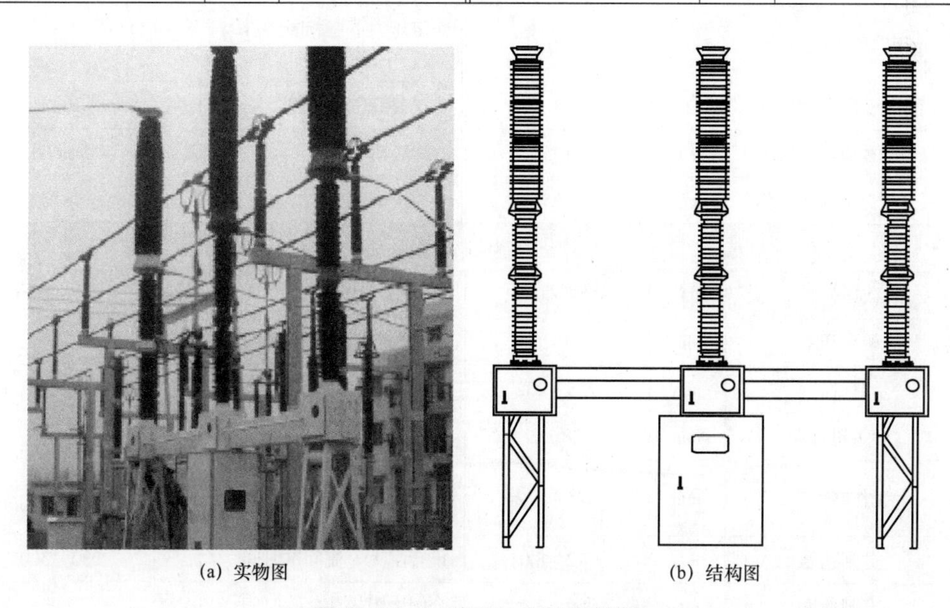

(a) 实物图　　(b) 结构图

图 2-17　LW25A-252 断路器

2.4.3 LW24-252 罐式断路器

LW24-252 罐式断路器铭牌及检修调试数据见表 2-18。LW24-252 罐式断路器如图 2-18 所示。

表 2-18　　LW24-252 罐式断路器铭牌及检修调试数据（西开）

铭牌及出厂主要技术数据					
数据名称	单位	数据	数据名称	单位	数据
额定电压	kV	252	首开级系数		1.3
额定电流	A	4000	额定操作顺序		O-0.3s-CO-180s-CO
额定频率	Hz	50	1min 工频耐受电压（对地 / 断口）	kV	460/460+145
额定短路开断电流	kA	50	雷电冲击耐受电压 1.2/50μs（对地 / 断口）	kV	1050/1050+206
短路电流开断次数	次	≥20	操作冲击耐受电压（对地 / 断口）	kV	—
额定失步开断电流	kA	12.5	SF_6 气体额定压力（20℃）	MPa	0.6
近区故障开断电流	kA	L90：45	SF_6 补气报警压力（20℃）	MPa	0.55
额定线路充电开断电流	A	由实际线路长度决定	SF_6 最低功能压力（20℃）	MPa	0.5
额定短时耐受电流	kA	50	额定压力下三相断路器中的气体量	kg	180
额定短路持续时间	s	3	三相断路器质量	kg	9000
峰值耐受电流（峰值）	kA	125	机械寿命	次	≥5000
关合短路电流（峰值）	kA	125	爬电距离（对地）	mm	7812
检修及调试数据					
数据名称	单位	数据	数据名称	单位	数据
触头开距	mm	192	各相极间合闸不同期	ms	—
行程	mm	225～232	三相相间分闸不同期	ms	≤3
触头超行程	mm	38±2	各相极间分闸不同期	ms	—
工作缸行程	mm	225～232	金属短接时间（合 - 分时间）	ms	≤60
分闸速度	m/s	7.2～8.0	重合闸无电流间歇时间	ms	280～300
合闸速度	m/s	2.9～3.4	合闸电阻提前接入时间	ms	—

续表

检修及调试数据					
数据名称	单位	数据	数据名称	单位	数据
分闸时间	ms	≤30	合闸电阻值	Ω	—
合闸时间	ms	≤100	均压电容器电容值（每个断口）	pF	—
全开断时间	ms	≤60	电阻断口的合分时间	ms	—
三相相间合闸不同期	ms	≤3	主回路电阻值	μΩ	≤120
操动机构		弹簧	电机额定功率	W/ 相	450
分闸线圈电阻值	Ω	92（DC220V）、19（DC110V）	电机额定转速	r/min	480
分闸线圈匝数	匝	—	电机额定电压	V	DC220/AC220
合闸线圈电阻值	Ω	110（DC220V）、33（DC110V）	操作回路额定电压	V	DC220
合闸线圈匝数	匝	—	弹簧机构储能时间	s	≤15

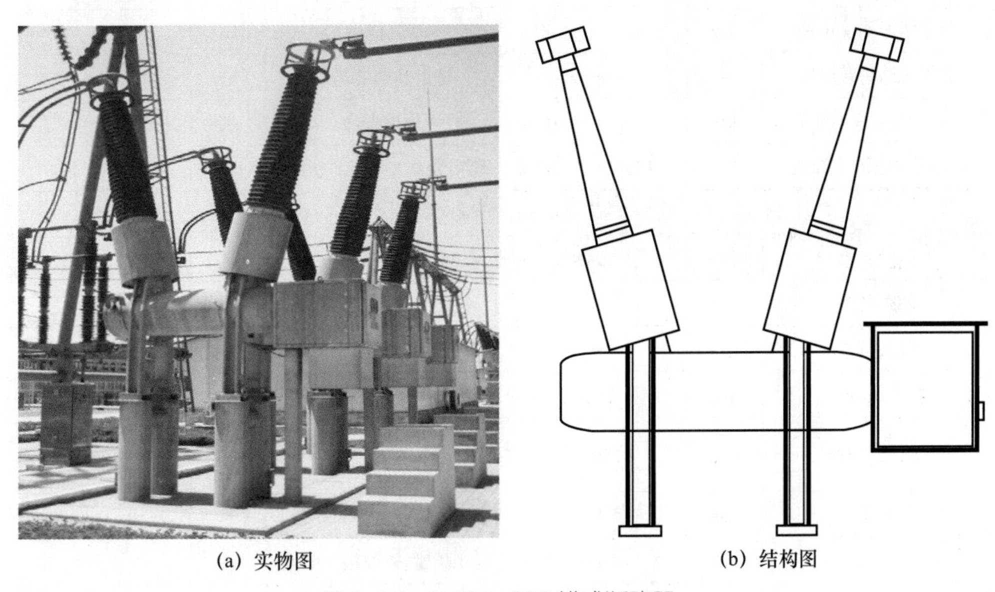

(a) 实物图　　(b) 结构图

图 2-18　LW24-252 罐式断路器

2.4.4　LW6-220 断路器

LW6-220 断路器铭牌及检修调试数据见表 2-19。LW6-220 断路器如图 2-19 所示。

表 2-19　　LW6-220 断路器铭牌及检修调试数据

铭牌及出厂主要技术数据							
数据名称	单位	数据		数据名称	单位	数据	
额定电压	kV	220		首开级系数		—	
额定电流	A	3150		额定操作顺序		O–0.3s–CO–180s–CO	
额定频率	Hz	50		1min 工频耐受电压	kV	460	
额定短路开断电流	kA	50	40	雷电冲击耐受电压（对地 / 断口）	kV	1050+206	
短路电流开断次数	次	—		操作冲击耐受电压 250/2500μs（断口 / 对地）	kV	—	
额定失步开断电流	kA	—		SF_6 气体额定压力（20℃）	MPa	0.6	0.4
近区故障开断电流	kA	L90：45/36		SF_6 补气报警压力（20℃）	MPa	0.53	0.33
额定线路充电开断电流	A	—		SF_6 最低功能压力（20℃）	MPa	0.5	0.3
额定短时耐受电流	kA	50	40	SF_6 气体用量	kg	—	
额定短路持续时间	s	—		每台断路器质量	kg	—	
峰值耐受电流（峰值）	kA	125	100	机械寿命	次	—	
关合短路电流（峰值）	kA	125	100	爬电距离（对地 / 断口）	mm	—	

检修及调试数据					
数据名称	单位	数据	数据名称	单位	数据
触头开距	mm	—	各相极间合闸不同期	ms	≤5
触头行程	mm	—	三相相间分闸不同期	ms	≤3
触头超行程	mm	43 ± 4	各相极间分闸不同期	ms	≤2
工作缸行程	mm	150 ± 1	金属短接时间（合 – 分时间）	ms	—
分闸速度	m/s	5.5 ~ 7	重合闸无电流间歇时间	s	0.3
合闸速度	m/s	4 ± 0.6	合闸电阻提前接入时间	ms	—
分闸时间（分相 / 全相）	ms	≤30/38	合闸电阻值（每相）	Ω	—
合闸时间	ms	≤90	均压电容器电容值（每个断口）	pF	—
全开断时间	ms	—	电阻断口的合分时间	ms	—
三相相间合闸不同期	ms	≤10	主回路电阻值	μΩ	—
操动机构		液压	安全阀开启油压	MPa	34.5 ~ 36.5 ↑

续表

检修及调试数据					
数据名称	单位	数据	数据名称	单位	数据
额定油压（20℃）	MPa	32.6	安全阀关闭油压	MPa	≥32 ↓
预充氮气压力（15℃）	MPa	20 ± 0.3	分闸一次油压降	MPa	在 31.6MPa 油压下，不大于 3.5
油泵停止油压（20℃）	MPa	32.6 ± 0.5	合闸一次油压降	MPa	在 27.8MPa 油压下，不大于 1.8
油泵启动油压（20℃）	MPa	31.6 ± 0.5	分 – 合分一次油压降	MPa	在 31.6MPa 油压下，不大于 7
重合闸闭锁油压（20℃）	MPa	—	分闸线圈电阻值	Ω	44 ± 3（外串电阻 44Ω）/28
重合闸闭锁解除油压（20℃）	MPa	—	分闸线圈匝数	匝	—
合闸闭锁油压（20℃）	MPa	27.8 ± 0.4	合闸线圈电阻值	Ω	110/28
合闸闭锁解除油压（20℃）	MPa	—	合闸线圈匝数	匝	—
分闸闭锁油压（20℃）	MPa	25.8 ± 0.4	操作回路额定电压	V	DC220/110
分闸闭锁解除油压（20℃）	MPa	—	油泵电动机额定电压	V	DC220

(a) 实物图

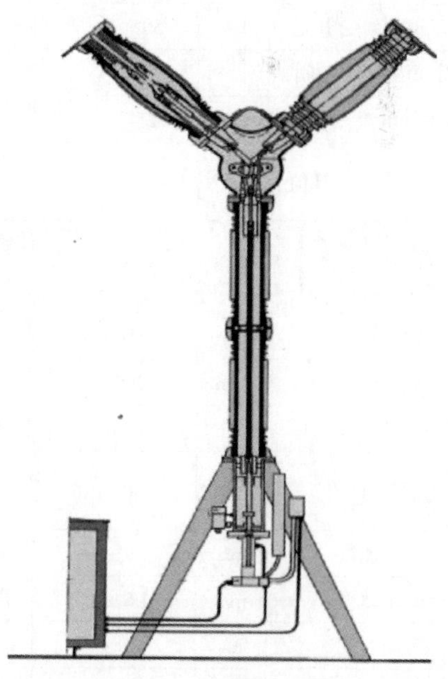

(b) 结构图

图 2-19　LW6-220 断路器

2.4.5 LW10B-252 断路器

LW10B-252 断路器铭牌及检修调试数据见表 2-20。LW10B-252 断路器如图 2-20 所示。

表 2-20　　LW10B-252 断路器铭牌及检修调试数据（平高）

铭牌及出厂主要技术数据							
数据名称	单位	数据		数据名称	单位	数据	
额定电压	kV	252		首开级系数		1.3	
额定电流	A	3150		额定操作顺序		O–0.3s–CO–180s–CO	
额定频率	Hz	50		1min 工频耐受电压（断口 / 对地）	kV	460/395	
额定短路开断电流	kA	50	40	雷电冲击耐受电压 1.2/50μs（断口 / 对地）	kV	1050/950	
短路电流开断次数	次	20		操作冲击耐受电压（断口 / 对地）	kV	—	
额定失步开断电流	kA	12.5	10	SF_6 气体额定压力（20℃）	MPa	0.6	0.4
近区故障开断电流 L90/L75	kA	45/37.5	36/30	SF_6 补气报警压力（20℃）	MPa	0.52 ± 0.015	0.32 ± 0.015
额定线路充电开断电流	A	160		SF_6 最低功能压力（20℃）	MPa	0.50 ± 0.015	0.30 ± 0.015
额定短时耐受电流	kA	50	40	SF_6 气体用量	kg	3 × 11	
额定短路持续时间	s	3		三相断路器质量	kg	3 × 1800	
峰值耐受电流（峰值）	kA	125	100	机械寿命	次	5000	
关合短路电流（峰值）	kA	125	100	爬电距离（对地 / 断口）	mm	7812	
检修及调试数据							
数据名称	单位	数据		数据名称	单位	数据	
触头开距	mm	150 ± 4		各相极间合闸不同期	ms	—	
触头行程	mm	200 ± 1		三相相间分闸不同期	ms	≤3	
触头超行程	mm	40 ± 4		各相极间分闸不同期	ms	—	
工作缸行程	mm	180 ± 1.6		金属短接时间（合 – 分时间）	ms	50 ± 10	
分闸速度	m/s	9 ± 1		重合闸无电流间歇时间	s	0.3	
合闸速度	m/s	4.6 ± 0.5		合闸电阻提前接入时间	ms	—	
分闸时间	ms	20 ± 3		合闸电阻值（每相）	Ω	—	
合闸时间	ms	50 ± 10		均压电容器电容值（每个断口）	pF	—	
全开断时间	ms	40		电阻断口的合分时间	ms	—	
三相相间合闸不同期	ms	≤5		主回路电阻值	μΩ	≤45	

续表

检修及调试数据					
数据名称	单位	数据	数据名称	单位	数据
操动机构		液压机构分相操作	安全阀开启油压	MPa	34～36 ↑
额定油压	MPa	28	安全阀关闭油压	MPa	≥32 ↓
预充氮气压力（15℃）	MPa	17～18	合闸一次油压降	MPa	在 24.5MPa 油压下，不大于 1.8
油泵停止油压（20℃）	MPa	28～28.8 ↑	分闸一次油压降	MPa	在 27MPa 油压下，不大于 2
油泵启动油压（20℃）	MPa	27±0.7 ↓	分－合分一次油压降	MPa	在 27MPa 油压下，不大于 5
重合闸闭锁油压（20℃）	MPa	26±0.7 ↓	分闸线圈电阻值	Ω	—
重合闸闭锁解除油压（20℃）	MPa	≤27.8 ↑	分闸线圈匝数	匝	—
合闸闭锁油压（20℃）	MPa	24.5±0.7 ↓	合闸线圈电阻值	Ω	—
合闸闭锁解除油压（20℃）	MPa	≤26.5 ↑	合闸线圈匝数	匝	—
分闸闭锁油压（20℃）	MPa	23±0.7 ↓	操作回路额定电压	V	DC220/DC110
分闸闭锁解除油压（20℃）	MPa	≤25 ↑	油泵电动机额定电压	V	AC220/DC220

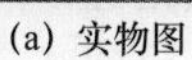

(a) 实物图

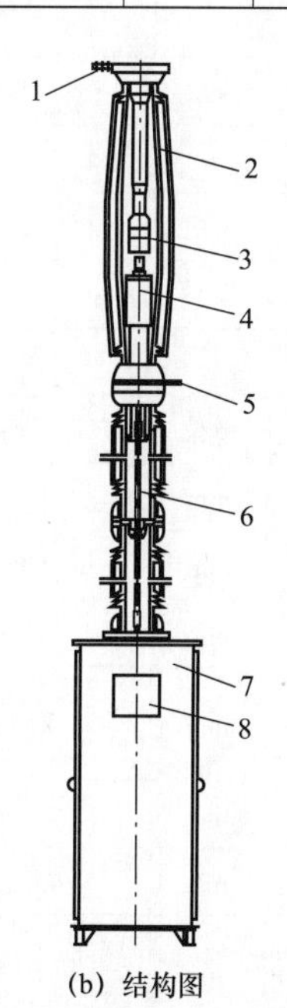

(b) 结构图

图 2-20 LW10B-252 断路器

1—上接线板；2—灭弧室瓷套；3—静触头；4—动触头；

5—下接线板；6—绝缘拉杆；7—机构箱；8—密度控制器

2.4.6 LW10B-252（H）断路器

LW10B-252（H）断路器铭牌及检修调试数据见表 2-21。

表 2-21　　LW10B-252（H）断路器铭牌及检修调试数据（平高）

铭牌及出厂主要技术数据						
数据名称	单位	数据		数据名称	单位	数据
额定电压	kV	252		首开级系数		1.3
额定电流	A	4000		额定操作顺序		O-0.3s-CO-180s-CO
额定频率	Hz	50		1min 工频耐受电压（对地 / 断口）	kV	460
						460（+145）
额定短路开断电流	kA	50		雷电冲击耐受电压 1.2/50μs（对地 / 断口）	kV	1050
						1050（+200）
短路电流开断次数	次	20		操作冲击耐受电压（对地 / 断口）	kV	—
额定失步开断电流	kA	12.5		SF_6 气体额定压力（20℃）	MPa	0.4
近区故障开断电流 L90/L75	kA	45	37.5	SF_6 补气报警压力（20℃）	MPa	0.35 ± 0.015
额定线路充电开断电流	A	125		SF_6 最低功能压力（20℃）	MPa	0.33 ± 0.015
额定短时耐受电流	kA	50		SF_6 气体用量	kg/ 台	18
额定短路持续时间	s	3		三相断路器质量	kg	5400
峰值耐受电流（峰值）	kA	125		机械寿命	次	10000
关合短路电流（峰值）	kA	125		爬电距离	mm	7812
检修及调试数据						
数据名称	单位	数据		数据名称	单位	数据
触头开距	mm	—		各相极间合闸不同期	ms	—
触头行程	mm	230 ± 1		三相相间分闸不同期	ms	≤3
触头超行程	mm	40 ± 4		各相极间分闸不同期	ms	—
工作缸行程	mm	230 ± 1		金属短接时间（合 – 分时间）	ms	55 ± 5
分闸速度	m/s	10 ± 1		重合闸无电流间歇时间	s	≥0.3
合闸速度	m/s	4.6 ± 0.5		合闸电阻提前接入时间	ms	—
分闸时间	ms	19 ± 3		合闸电阻值（每相）	Ω	—

续表

检修及调试数据					
数据名称	单位	数据	数据名称	单位	数据
合闸时间	ms	65 ± 10	均压电容器电容值（每个断口）	pF	—
全开断时间	ms	40	电阻断口的合分时间	ms	—
三相相间合闸不同期	ms	≤5	主回路电阻值	μΩ	≤45
操动机构		液压	安全阀开启油压	MPa	$37.5_{0}^{+2.0}$
额定油压	MPa	33	安全阀关闭油压	MPa	≥32.5
预充氮气压力（15℃）	MPa	$18_{0}^{+1.0}$	合闸一次油压降	MPa	≥1.5
油泵停止油压（20℃）	MPa	$33.0_{0}^{+1.5}$	分闸一次油压降	MPa	≥3
油泵启动油压（20℃）	MPa	32.0 ± 0.6	分 - 合分一次油压降	MPa	≥6
重合闸闭锁油压（20℃）	MPa	31.5 ± 1.0	分闸线圈电阻值 DC220V/DC110V	Ω	110（DC220）/61（DC110）
重合闸闭锁解除油压（20℃）	MPa	≤33	分闸线圈匝数	匝	—
合闸闭锁油压（20℃）	MPa	29 ± 1.0	合闸线圈电阻值	Ω	110（DC220）/61（DC110）
合闸闭锁解除油压（20℃）	MPa	≤31	合闸线圈匝数	匝	—
分闸闭锁油压（20℃）	MPa	27 ± 1.0	操作回路额定电压	V	DC220V/DC110V
分闸闭锁解除油压（20℃）	MPa	≤29	油泵电动机额定电压	V	DC220V/AC220V

2.4.7 LW35S-252 断路器

LW35S-252 断路器铭牌及检修调试数据见表 2-22。LW35S-252 断路器如图 2-21 所示。

表 2-22　　LW35S-252 断路器铭牌及检修调试数据（平高）

铭牌及出厂主要技术数据					
数据名称	单位	数据	数据名称	单位	数据
额定电压	kV	252	首开级系数		1.3
额定电流	A	4000	额定操作顺序		O-0.3s-CO-180s-CO
额定频率	Hz	50	1min 工频耐受电压（对地 / 断口）	kV	460/460（+145）

续表

铭牌及出厂主要技术数据					
数据名称	单位	数据	数据名称	单位	数据
额定短路开断电流	kA	50	雷电冲击耐受电压 1.2/50μs（对地 / 断口）	kV	1050/1050（+200）
短路电流开断次数	次	16	操作冲击耐受电压（对地 / 断口）	kV	—
额定失步开断电流	kA	12.5	SF_6 气体额定压力（20℃）	MPa	0.60 ± 0.015
近区故障开断电流 L90/L75	kA	45/37.5	SF_6 补气报警压力（20℃）	MPa	0.55 ± 0.015
额定线路充电开断电流	A	160	SF_6 最低功能压力（20℃）	MPa	0.52 ± 0.015
额定短时耐受电流	kA	50	SF_6 气体用量	kg	33
额定短路持续时间	s	4	三相断路器质量	kg	4500
峰值耐受电流（峰值）	kA	125	机械寿命	次	3000
关合短路电流（峰值）	kA	125	爬电比距（对地 / 断口）	mm/kV	29/37.3

检修及调试数据					
数据名称	单位	数据	数据名称	单位	数据
触头开距	mm	—	各相极间合闸不同期	ms	—
触头行程	mm	180 ± 1	三相相间分闸不同期	ms	≤3
触头超行程	mm	39 ± 4	各相极间分闸不同期	ms	—
工作缸行程	mm	180 ± 1	金属短接时间（合 – 分时间）	ms	55 ± 5
分闸速度	m/s	8 ± 1	重合闸无电流间歇时间	s	0.3
合闸速度	m/s	3.6 ± 0.6	合闸电阻提前接入时间	ms	—
分闸时间	ms	18 ~ 23	合闸电阻值（每相）	Ω	—
合闸时间	ms	70 ± 10	均压电容器电容值（每个断口）	pF	—
全开断时间	ms	40	电阻断口的合分时间	ms	—
三相相间合闸不同期	ms	≤5	主回路电阻值	μΩ	≤60
操动机构		液压	安全阀开启油压	MPa	34.0^{+2}_{0}
额定油压	MPa	32.6 ± 1.0	安全阀关闭油压	MPa	≥32.0
预充氮气压力（15℃）	MPa	18.0^{+1}_{0}	合闸一次油压降	MPa	≤1.8
油泵停止油压（20℃）	MPa	32.6 ± 1.0	分闸一次油压降	MPa	≤3
油泵启动油压（20℃）	MPa	31.6 ± 1.0	分 – 合分一次油压降	MPa	≤7
重合闸闭锁油压（20℃）	MPa	30.5 ± 1.0	分闸线圈电阻值	Ω	110（DC220）/ 27.5（DC110）

续表

检修及调试数据					
数据名称	单位	数据	数据名称	单位	数据
重合闸闭锁解除油压（20℃）	MPa	≤32.6	分闸线圈匝数	匝	—
合闸闭锁油压（20℃）	MPa	27.8 ± 0.8	合闸线圈电阻值	Ω	110（DC220）/ 27.5（DC110）
合闸闭锁解除油压（20℃）	MPa	≤29.8	合闸线圈匝数	匝	—
分闸闭锁油压（20℃）	MPa	25.8 ± 0.7	操作回路额定电压	V	DC220/DC110
分闸闭锁解除油压（20℃）	MPa	≤27.8	油泵电动机额定电压	V	AC220/DC220

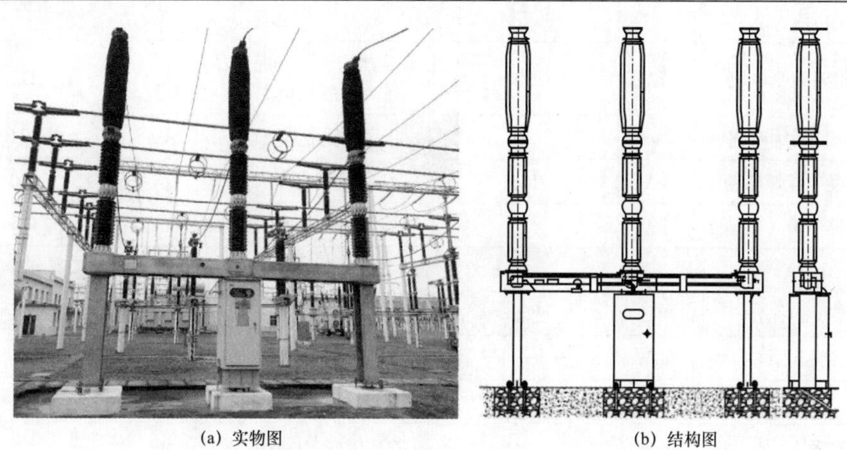
(a) 实物图　　(b) 结构图

图 2-21　LW35S-252 断路器

2.4.8　LTB245-E1 断路器

LTB245-E1 断路器铭牌及检修调试数据见表 2-23。LTB245-E1 断路器如图 2-22 所示。

表 2-23　　LTB245-E1 断路器铭牌及检修调试数据（ABB）

铭牌及出厂主要技术数据					
数据名称	单位	数据	数据名称	单位	数据
额定电压	kV	245	首开级系数		1.5
额定电流	A	4000	额定操作顺序		O–0.3s–CO–180s–CO
额定频率	Hz	50	1min 工频耐受电压（对地 / 断口）	kV	460/460+145

续表

铭牌及出厂主要技术数据					
数据名称	单位	数据	数据名称	单位	数据
额定短路开断电流	kA	50	雷电冲击耐受电压 1.2/50μs（对地 / 断口）	kV	1050/1050+200
短路电流开断次数	次	—	操作冲击耐受电压（对地 / 断口）	kV	—
额定失步开断电流	kA	12.5	SF_6 气体额定压力（20℃）（abs）	MPa	0.7
近区故障开断电流 L90/L75	kA	L90：45；L75：37.5	SF_6 补气报警压力（20℃）（abs）	MPa	0.62
额定线路充电开断电流	A	125	SF_6 最低功能压力（20℃）（abs）	MPa	0.60
额定短时耐受电流	kA	50	额定压力下三相断路器中的气体量	kg	21
额定短路持续时间	s	3	三相断路器质量	kg	3×910
峰值耐受电流（峰值）	kA	125	机械寿命	次	5000
关合短路电流（峰值）	kA	125	爬电距离（对地 / 断口）	mm	6523/7800

检修及调试数据					
数据名称	单位	数据	数据名称	单位	数据
触头开距	mm	—	各相极间合闸不同期	ms	—
行程	mm	—	三相相间分闸不同期	ms	≤3
触头超行程	mm	—	各相极间分闸不同期	ms	—
工作缸行程	mm	—	金属短接时间（合 – 分时间）	ms	26±3
分闸速度	m/s	—	重合闸无电流间歇时间	s	0.3
合闸速度	m/s	—	合闸电阻提前接入时间	ms	—
分闸时间	ms	17±2	合闸电阻值	Ω	—
合闸时间	ms	≤28	均压电容器电容值（每个断口）	pF	—
全开断时间	ms	≤40	电阻断口的合分时间	ms	—
三相相间合闸不同期	ms	≤5	主回路电阻值	μΩ	≤50
操动机构		弹簧	电机额定电压	V	AC220/DC220/DC110
分闸线圈稳态电流	A	DC220：1 DC110：2	操作回路额定电压	V	DC220/DC110
合闸线圈稳态电流	A	DC220：1 DC110：2	弹簧机构储能时间	s	≤15

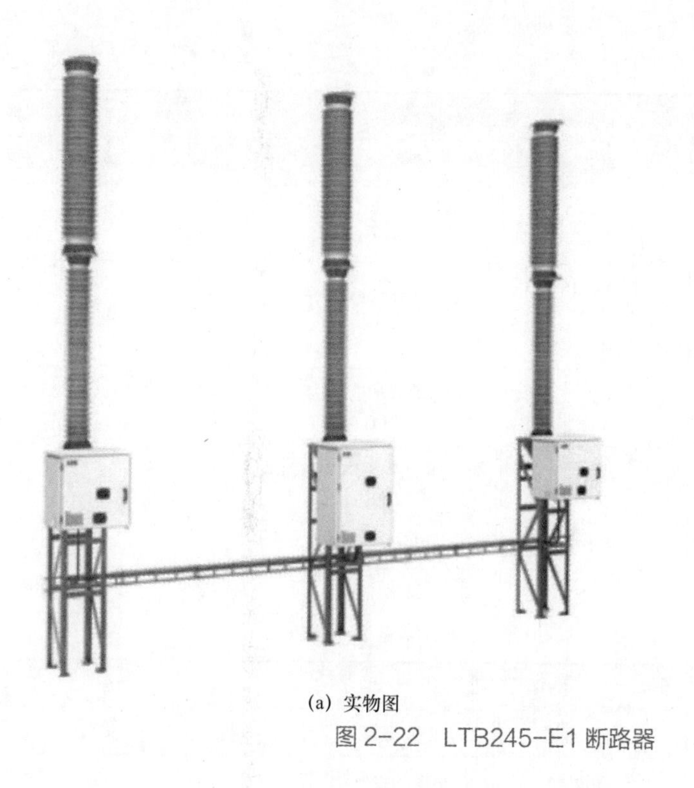

(a) 实物图

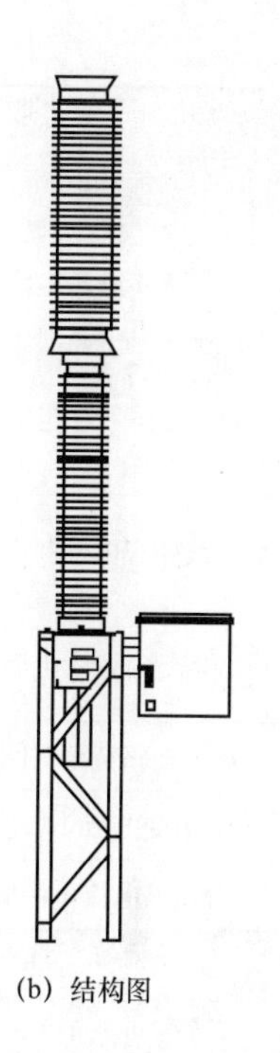

(b) 结构图

图 2-22　LTB245-E1 断路器

2.4.9　LW30-252 断路器（弹簧分相瓷柱式）

LW30-252 断路器铭牌及检修调试数据见表 2-24。LW30-252 断路器如图 2-23 所示。

表 2-24　　LW30-252 断路器铭牌及检修调试数据（泰开）

铭牌及出厂主要技术数据					
数据名称	单位	数据	数据名称	单位	数据
额定电压	kV	252	首开级系数		1.3
额定电流	A	4000	额定操作顺序		O-0.3s-CO-180s-CO
额定频率	Hz	50	1min 工频耐受电压（湿试）（对地 / 断口）	kV	对地：460
					断口：460+145
额定短路开断电流	kA	50	雷电冲击耐受电压 1.2/50μs（对地 / 断口）	kV	对地：1050 断口：1050+200
短路电流开断次数	次	≥20	操作冲击耐受电压 250/2500μs（对地 / 断口）	kV	—

续表

铭牌及出厂主要技术数据					
数据名称	单位	数据	数据名称	单位	数据
额定失步开断电流	kA	12.5	SF_6气体额定压力（20℃）	MPa	0.6
近区故障开断电流	kA	L90：45； L75：37.5； L60：30	SF_6补气报警压力（20℃）	MPa	0.55
额定线路充电开断电流	A	125	SF_6最低功能压力（20℃）	MPa	0.5
额定短时耐受电流	kA	50	额定压力下三相断路器中的气体量	kg	39
额定短路持续时间	s	4	三相断路器质量	kg	4800
峰值耐受电流（峰值）	kA	125	机械寿命	次	≥10000
关合短路电流（峰值）	kA	125	爬电距离（对地）	mm	7812
检修及调试数据					
数据名称	单位	数据	数据名称	单位	数据
触头开距	mm	169	各相极间合闸不同期	ms	≤4
行程	mm	200±2	三相相间分闸不同期	ms	≤2
触头超行程	mm	31±2	各相极间分闸不同期	ms	≤2
工作缸行程	mm	—	金属短接时间（合－分时间）	ms	≤60
分闸速度	m/s	8.4±0.6	重合闸无电流间歇时间	s	≥0.3
合闸速度	m/s	4.4±0.6	合闸电阻提前接入时间	ms	—
分闸时间	ms	30±7	合闸电阻值	Ω	—
合闸时间	ms	85±15	均压电容器电容值（每个断口）	pF	—
全开断时间	ms	≤50	电阻断口的合分时间	ms	—
三相相间合闸不同期	ms	≤4	主回路电阻值	μΩ	≤70
操动机构		CT26 弹簧	电机额定功率	W/相	600
分闸线圈电阻值	Ω	78	电机额定转速	r/min	1200
分闸线圈匝数	匝	1900±100	电机额定电压	V	AC220/DC220
合闸线圈电阻值	Ω	96	操作回路额定电压	V	DC220
合闸线圈匝数	匝	2300±100	弹簧机构储能时间	s	≤20

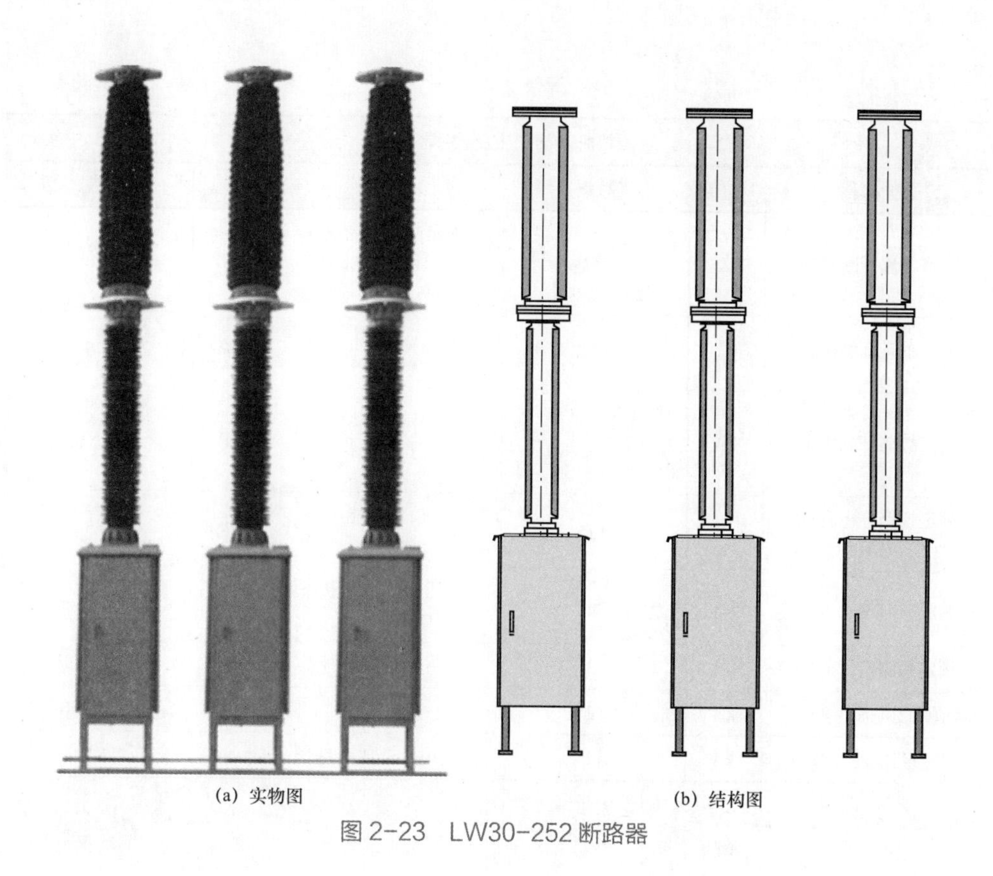

（a）实物图　　（b）结构图

图 2-23　LW30-252 断路器

2.4.10　LW30-252T 断路器（弹簧分相罐式）

LW30-252T 断路器铭牌及检修调试数据见表 2-25。LW30-252T 罐式断路器如图 2-24 所示。

表 2-25　　LW30-252T 断路器铭牌及检修调试数据（泰开）

铭牌及出厂主要技术数据					
数据名称	单位	数据	数据名称	单位	数据
额定电压	kV	252	首开级系数		1.5
额定电流	A	4000	额定操作顺序		O–0.3s–CO–180s–CO
额定频率	Hz	50	1min 工频耐受电压（湿试）（对地 / 断口）	kV	对地：460
					断口：460+145
额定短路开断电流	kA	50	雷电冲击耐受电压 1.2/50μs（对地 / 断口）	kV	对地：1050 断口：1050+200

续表

铭牌及出厂主要技术数据					
数据名称	单位	数据	数据名称	单位	数据
短路电流开断次数	次	20	操作冲击耐受电压 250/2500μs（对地 / 断口）	kV	—
额定失步开断电流	kA	12.5	SF_6 气体额定压力（20℃）	MPa	0.6
近区故障开断电流	kA	L90：45；L75：37.5；L60：30	SF_6 补气报警压力（20℃）	MPa	0.53
额定线路充电开断电流	A	125	SF_6 最低功能压力（20℃）	MPa	0.5
额定短时耐受电流	kA	50	额定压力下三相断路器中的气体量	kg	120
额定短路持续时间	s	3	三相断路器质量	kg	7500
峰值耐受电流（峰值）	kA	125	机械寿命	次	≥10000
关合短路电流（峰值）	kA	125	爬电距离（对地）	mm	7812
检修及调试数据					
数据名称	单位	数据	数据名称	单位	数据
触头开距	mm	170 ± 3	各相极间合闸不同期	ms	≤5
行程	mm	230 ± 3	三相相间分闸不同期	ms	≤3
触头超行程	mm	32 ± 3	各相极间分闸不同期	ms	≤3
工作缸行程	mm	—	金属短接时间（合 – 分时间）	ms	≤60
分闸速度	m/s	8.7 ± 0.5	重合闸无电流间歇时间	s	0.3
合闸速度	m/s	4 ± 0.5	合闸电阻提前接入时间	ms	—
分闸时间	ms	25 ± 5	合闸电阻值	Ω	—
合闸时间	ms	≤85	均压电容器电容值（每个断口）	pF	—
全开断时间	ms	≤50	电阻断口的合分时间	ms	—
三相相间合闸不同期	ms	≤5	主回路电阻值	μΩ	≤100
操动机构		CT26 弹簧机构	电机额定功率	W/ 相	600
分闸线圈电阻值	Ω	78	电机额定转速	r/min	120
分闸线圈匝数	匝	1900 ± 100	电机额定电压	V	AC220/DC220
合闸线圈电阻值	Ω	94	操作回路额定电压	V	DC220
合闸线圈匝数	匝	2300 ± 100	弹簧机构储能时间	s	≤20

(a) 实物图

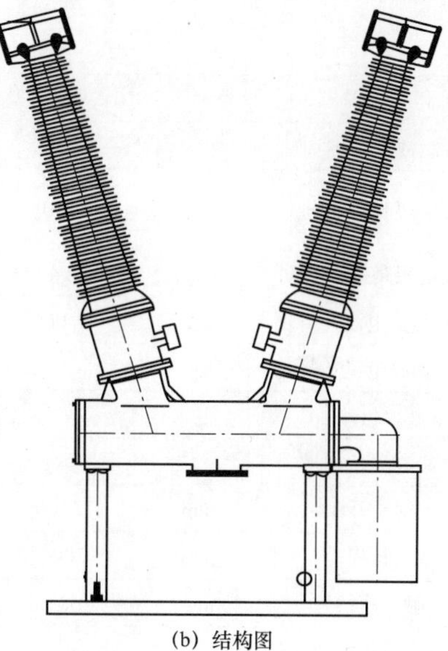

(b) 结构图

图 2-24　LW30-252T 罐式断路器

2.4.11　LW30-252 断路器（液簧联动瓷柱式）

LW30-252 断路器（液簧联动瓷柱式）铭牌及检修调试数据见表 2-26。LW30-252 断路器（液簧联动瓷柱式）如图 2-25 所示。

表 2-26　LW30-252 断路器（液簧联动瓷柱式）铭牌及检修调试数据（泰开）

铭牌及出厂主要技术数据					
数据名称	单位	数据	数据名称	单位	数据
额定电压	kV	252	首开级系数		1.3
额定电流	A	4000	额定操作顺序		O－0.3s－CO－180s－CO
额定频率	Hz	50	1min 工频耐受电压（对地 / 断口）	kV	对地：460 断口：460+145
额定短路开断电流	kA	50	雷电冲击耐受电压 1.2/50μs（对地 / 断口）	kV	对地：1050 断口：1050+200
短路电流开断次数	次	≥20	操作冲击耐受电压（对地 / 断口）	kV	—
额定失步开断电流	kA	12.5	SF_6 气体额定压力（20℃）	MPa	0.6
近区故障开断电流 L90/L75	kA	L90：45kA； L75：37.5kA	SF_6 补气报警压力（20℃）	MPa	0.55
额定线路充电开断电流	A	125	SF_6 最低功能压力（20℃）	MPa	0.5

续表

铭牌及出厂主要技术数据					
数据名称	单位	数据	数据名称	单位	数据
额定短时耐受电流	kA	50	额定压力下三相断路器中的气体量	kg	39
额定短路持续时间	s	4	三相断路器质量	kg	4800
峰值耐受电流（峰值）	kA	125	机械寿命	次	≥10000
关合短路电流（峰值）	kA	125	爬电距离（对地）	mm	7812
检修及调试数据					
数据名称	单位	数据	数据名称	单位	数据
触头开距	mm	169	各相极间合闸不同期	ms	≤4
行程	mm	200 ± 2	三相相间分闸不同期	ms	≤2
触头超行程	mm	31 ± 2	各相极间分闸不同期	ms	≤2
液压弹簧机构活塞杆行程	mm	205 ± 1.5	金属短接时间（合－分时间）	ms	≤60
分闸速度	m/s	7.5 ± 0.5	重合闸无电流间歇时间	s	≥0.3
合闸速度	m/s	3.5 ± 0.5	合闸电阻提前接入时间	ms	—
分闸时间	ms	≤30	合闸电阻值	Ω	—
合闸时间	ms	≤100	均压电容器电容值（每个断口）	pF	—
全开断时间	ms	≤50	电阻断口的合分时间	ms	—
三相相间合闸不同期	ms	≤4	主回路电阻值	μΩ	≤70
操动机构		CTY-10 液压弹簧	安全阀开启油压	MPa	
额定油压（20℃）	MPa	55 ± 2	安全阀关闭油压	MPa	—
油泵停止油压（20℃）	MPa	55 ± 2	合闸一次油压降	MPa	—
油泵启动油压（20℃）	MPa	54 ± 2	分闸一次油压降	MPa	—
重合闸闭锁油压（20℃）	MPa	53.5 ± 2	分－合分一次油压降	MPa	—
重合闸闭锁解除油压（20℃）	MPa	—	分闸线圈电阻值	Ω	154（整体）/201.7（分体）（DC220）；36（整体）/50.4（分体）（DC110）
合闸闭锁油压（20℃）	MPa	50 ± 2	分闸线圈匝数	匝	—
合闸闭锁解除油压（20℃）	MPa	—	合闸线圈电阻值	Ω	154（整体）/201.7（分体）（DC220）；36（整体）/50.4（分体）（DC110）
分闸闭锁油压（20℃）	MPa	47 ± 2	合闸线圈匝数	匝	—
分闸闭锁解除油压（20℃）	MPa	—	操作回路额定电压	V	DC220/110
油泵电动机额定电压	V	AC220/DC220			

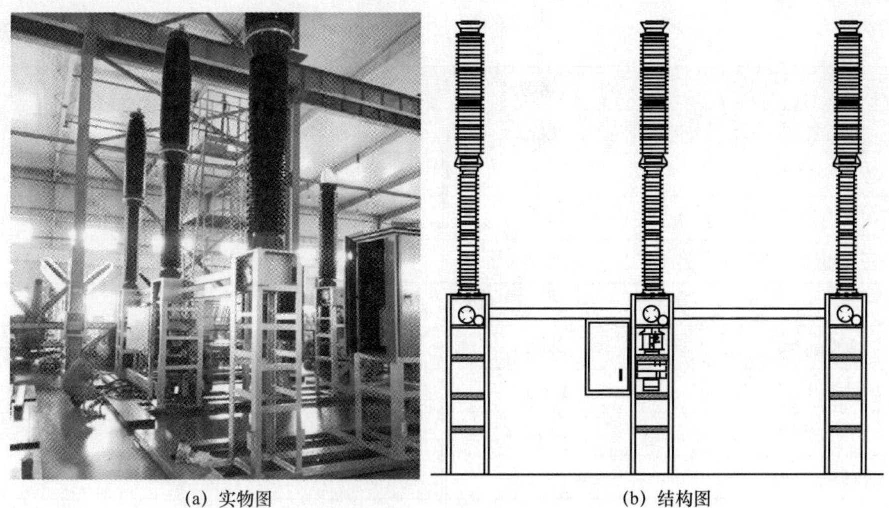

图 2-25 LW30-252 断路器（液簧联动瓷柱式）

2.4.12 LW30-252T 断路器（液簧联动罐式）

LW30-252T 断路器（液簧联动罐式）铭牌及检修调试数据见表 2-27。LW30-252T 断路器（液簧联动罐式）如图 2-26 所示。

表 2-27 LW30-252T 断路器（液簧联动罐式）铭牌及检修调试数据（泰开）

铭牌及出厂主要技术数据					
数据名称	单位	数据	数据名称	单位	数据
额定电压	kV	252	首开级系数		1.5
额定电流	A	4000	额定操作顺序	—	O–0.3s–CO–180s–CO
额定频率	Hz	50	1min 工频耐受电压（对地 / 断口）	kV	对地：460 断口：460+145
额定短路开断电流	kA	50	雷电冲击耐受电压 1.2/50μs（对地 / 断口）	kV	对地：1050 断口：1050+200
短路电流开断次数	次	≥20	操作冲击耐受电压（对地 / 断口）	kV	—
额定失步开断电流	kA	12.5	SF_6 气体额定压力（20℃）	MPa	0.6
近区故障开断电流 L90/L75	kA	L90：45kA； L75：37.5kA	SF_6 补气报警压力（20℃）	MPa	0.53
额定线路充电开断电流	A	125	SF_6 最低功能压力（20℃）	MPa	0.5
额定短时耐受电流	kA	50	额定压力下三相断路器中的气体量	kg	120

续表

铭牌及出厂主要技术数据					
数据名称	单位	数据	数据名称	单位	数据
额定短路持续时间	s	3	三相断路器质量	kg	7500
峰值耐受电流（峰值）	kA	125	机械寿命	次	≥10000
关合短路电流（峰值）	kA	125	爬电距离（对地）	mm	7812
检修及调试数据					
数据名称	单位	数据	数据名称	单位	数据
触头开距	mm	170 ± 3	各相极间合闸不同期	ms	≤5
行程	mm	230 ± 3	三相相间分闸不同期	ms	≤3
触头超行程	mm	32 ± 3	各相极间分闸不同期	ms	≤3
液压弹簧机构活塞杆行程	mm	205 ± 1.5	金属短接时间（合 – 分时间）	ms	≤60
分闸速度	m/s	8 ± 0.5	重合闸无电流间歇时间	s	0.3
合闸速度	m/s	4 ± 0.5	合闸电阻提前接入时间	ms	—
分闸时间	ms	21 ± 4	合闸电阻值	Ω	—
合闸时间	ms	≤85	均压电容器电容值（每个断口）	pF	—
全开断时间	ms	≤50	电阻断口的合分时间	ms	—
三相相间合闸不同期	ms	≤5	主回路电阻值	μΩ	≤30
操动机构		CTY-10 液压弹簧	安全阀开启油压	MPa	56 ± 1
额定油压（20℃）	MPa	55 ± 2	安全阀关闭油压	MPa	—
油泵停止油压（20℃）	MPa	55 ± 2	合闸一次油压降	MPa	—
油泵启动油压（20℃）	MPa	54 ± 2	分闸一次油压降	MPa	—
重合闸闭锁油压（20℃）	MPa	53.5 ± 2	分 – 合分一次油压降	MPa	—
重合闸闭锁解除油压（20℃）	MPa	—	分闸线圈电阻值	Ω	154（整体）/201.7（分体）（DC220）；36（整体）/50.4（分体）（DC110）
合闸闭锁油压（20℃）	MPa	50 ± 2	分闸线圈匝数	匝	—
合闸闭锁解除油压（20℃）	MPa	—	合闸线圈电阻值	Ω	154（整体）/201.7（分体）（DC220）；36（整体）/50.4（分体）（DC110）
分闸闭锁油压（20℃）	MPa	47 ± 2	合闸线圈匝数	匝	—
分闸闭锁解除油压（20℃）	MPa	—	操作回路额定电压	V	DC220/110
油泵电动机额定电压	V	AC220/DC220			

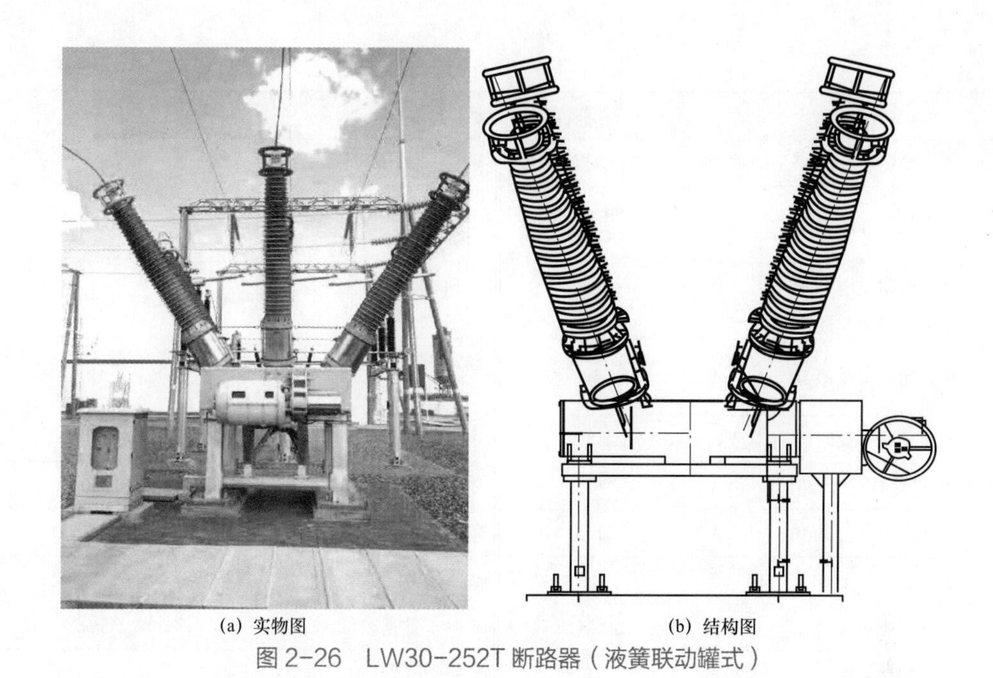

(a) 实物图　　(b) 结构图

图 2-26　LW30-252T 断路器（液簧联动罐式）

2.4.13　LW58-252 断路器（三相联动）

LW58-252 断路器（三相联动）铭牌及检修调试数据见表 2-28。LW58-252 断路器（三相联动）如图 2-27 所示。

表 2-28　LW58-252 断路器（三相联动）铭牌及检修调试数据（如高）

铭牌及出厂主要技术数据					
数据名称	单位	数据	数据名称	单位	数据
额定电压	kV	252	首开极系数		1.3
额定电流	A	4000	额定操作顺序		O－0.3s－CO－180s－CO
额定频率	Hz	50	1min 工频耐受电压（湿试）（对地 / 断口）	kV	460 460+146
额定短路开断电流	kA	50	雷电冲击耐受电压 1.2/50μs（对地 / 断口）	kV	1050/1050+206
短路电流开断次数	次	20	操作冲击耐受电压 250/2500μs（对地 / 断口）	kV	—
额定失步开断电流	kA	12.5	SF_6 气体额定压力（20℃）	MPa	0.70

续表

铭牌及出厂主要技术数据					
数据名称	单位	数据	数据名称	单位	数据
近区故障开断电流	kA	L90：45； L75：37.5	SF_6 补气报警压力（20℃）	MPa	0.65
额定线路充电开断电流	A	200	SF_6 最低功能压力（20℃）	MPa	0.60
额定短时耐受电流	kA	50	额定压力下三相断路器中的气体量	kg	18
额定短路持续时间	s	3	三相断路器质量	kg	4600
峰值耐受电流（峰值）	kA	125	机械寿命	次	10000
关合短路电流（峰值）	kA	125	爬电距离（对地 / 断口）	mm	7812/9000

检修及调试数据					
数据名称	单位	数据	数据名称	单位	数据
触头开距	mm	117	各相极间合闸不同期	ms	—
行程	mm	160	三相相间分闸不同期	ms	≤3
触头超行程	mm	43	各相极间分闸不同期	ms	—
工作缸行程	mm	—	金属短接时间（合 – 分时间）	ms	≤60
分闸速度	m/s	6.0 ± 0.5	重合闸无电流间歇时间	s	0.3
合闸速度	m/s	3.8 ± 0.5	合闸电阻提前接入时间	ms	—
分闸时间	ms	26 ± 4	合闸电阻电阻值	Ω	—
合闸时间	ms	≤100	均压电容器电容值（每个断口）	pF	—
全开断时间	ms	≤50	电阻断口的合分时间	ms	—
三相相间合闸不同期	ms	≤4	主回路电阻值	μΩ	≤40
操动机构		弹簧	电机额定功率	W/ 相	1000（三相）
分闸线圈电阻值	Ω	121	电机额定转速	r/min	530
分闸线圈匝数	匝	—	电机额定电压	V	DC220
合闸线圈电阻值	Ω	121	操作回路额定电压	V	DC220
合闸线圈匝数	匝	—	弹簧机构储能时间	s	＜20

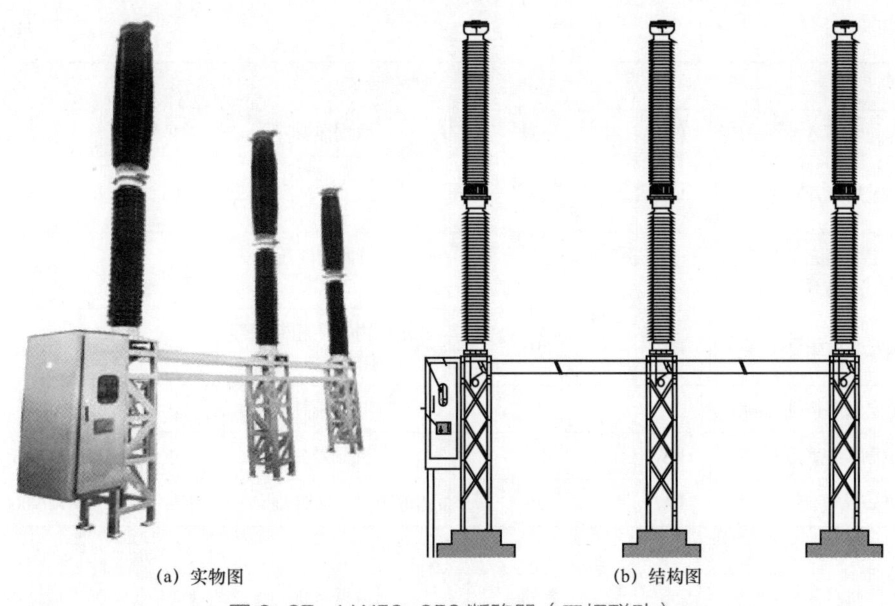

(a) 实物图　　(b) 结构图

图 2-27　LW58-252 断路器（三相联动）

2.4.14　LW58-252 断路器（分相）

LW58-252 断路器（分相）铭牌及检修调试数据见表 2-29。LW58-252 断路器（分相）如图 2-28 所示。

表 2-29　　LW58-252 断路器（分相）铭牌及检修调试数据（如高）

<table>
<tr><th colspan="6">铭牌及出厂主要技术数据</th></tr>
<tr><th>数据名称</th><th>单位</th><th>数据</th><th>数据名称</th><th>单位</th><th>数据</th></tr>
<tr><td>额定电压</td><td>kV</td><td>252</td><td>首开极系数</td><td></td><td>1.3</td></tr>
<tr><td>额定电流</td><td>A</td><td>4000</td><td>额定操作顺序</td><td></td><td>O–0.3s–CO–180s–CO</td></tr>
<tr><td rowspan="2">额定频率</td><td rowspan="2">Hz</td><td rowspan="2">50</td><td rowspan="2">1min 工频耐受电压（湿试）（对地 / 断口）</td><td rowspan="2">kV</td><td>460</td></tr>
<tr><td>460+146</td></tr>
<tr><td>额定短路开断电流</td><td>kA</td><td>50</td><td>雷电冲击耐受电压 1.2/50μs（对地 / 断口）</td><td>kV</td><td>1050/1050+206</td></tr>
<tr><td>短路电流开断次数</td><td>次</td><td>20</td><td>操作冲击耐受电压 250/2500μs（对地 / 断口）</td><td>kV</td><td>—</td></tr>
<tr><td>额定失步开断电流</td><td>kA</td><td>12.5</td><td>SF_6 气体额定压力（20℃）</td><td>MPa</td><td>0.7</td></tr>
</table>

续表

铭牌及出厂主要技术数据					
数据名称	单位	数据	数据名称	单位	数据
近区故障开断电流	kA	L90：45； L75：37.5	SF_6 补气报警压力（20℃）	MPa	0.65
额定线路充电开断电流	A	200	SF_6 最低功能压力（20℃）	MPa	0.6
额定短时耐受电流	kA	50	额定压力下三相断路器中的气体量	kg	18
额定短路持续时间	s	3	三相断路器质量	kg	4800
峰值耐受电流（峰值）	kA	125	机械寿命	次	10000
关合短路电流（峰值）	kA	125	爬电距离（对地 / 断口）	mm	7812/9000
检修及调试数据					
数据名称	单位	数据	数据名称	单位	数据
触头开距	mm	117	各相极间合闸不同期	ms	—
行程	mm	160	三相相间分闸不同期	ms	≤3
触头超行程	mm	43	各相极间分闸不同期	ms	—
工作缸行程	mm	—	金属短接时间（合－分时间）	ms	≤60
分闸速度	m/s	6.0±0.5	重合闸无电流间歇时间	s	0.3
合闸速度	m/s	3.8±0.5	合闸电阻提前接入时间	ms	—
分闸时间	ms	26±4	合闸电阻值	Ω	—
合闸时间	ms	≤100	均压电容器电容值（每个断口）	pF	—
全开断时间	ms	≤50	电阻断口的合分时间	ms	—
三相相间合闸不同期	ms	≤4	主回路电阻值	μΩ	≤40
操动机构		弹簧	电机额定功率	W/ 相	720（三相）
分闸线圈电阻值	Ω	245	电机额定转速	r/min	530
分闸线圈匝数	匝	—	电机额定电压	V	AC220/DC220
合闸线圈电阻值	Ω	220	操作回路额定电压	V	DC220
合闸线圈匝数	匝	—	弹簧机构储能时间	s	＜20

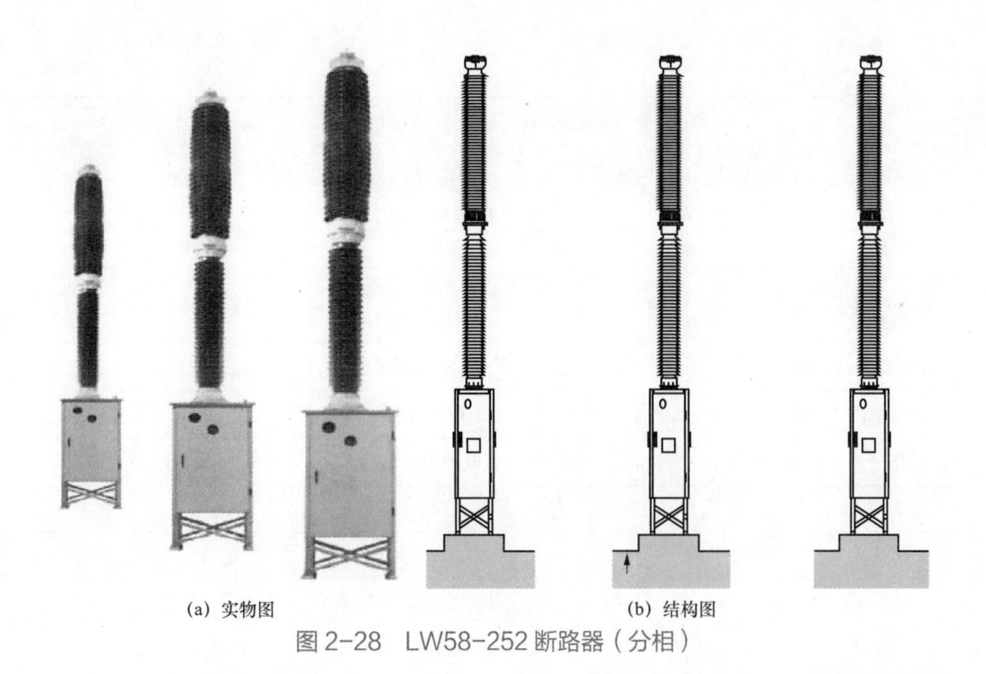

(a) 实物图　　(b) 结构图

图 2-28　LW58-252 断路器（分相）

2.4.15　GL314 断路器

GL314 断路器铭牌及检修调试数据见表 2-30。GL314 断路器如图 2-29 所示。

表 2-30　　GL314 断路器铭牌及检修调试数据（ALSTOM）

<table>
<tr><th colspan="7">铭牌及出厂主要技术数据</th></tr>
<tr><th>数据名称</th><th>单位</th><th colspan="2">数据</th><th>数据名称</th><th>单位</th><th>数据</th></tr>
<tr><td>额定电压</td><td>kV</td><td colspan="2">252</td><td>首开级系数</td><td></td><td>1.3</td></tr>
<tr><td>额定电流</td><td>A</td><td colspan="2">4000</td><td>额定操作顺序</td><td></td><td>O–0.3S–CO–180s–CO</td></tr>
<tr><td rowspan="2">额定频率</td><td rowspan="2">Hz</td><td colspan="2" rowspan="2">50</td><td rowspan="2">1min 工频耐受电压（湿试）（对地 / 断口）</td><td rowspan="2">kV</td><td>—</td></tr>
<tr><td>460/460+145</td></tr>
<tr><td>额定短路开断电流</td><td>kA</td><td>50</td><td>63</td><td>雷电冲击耐受电压 1.2/50μs（对地 / 断口）</td><td>kV</td><td>1050/1050+200</td></tr>
<tr><td>短路电流开断次数</td><td>次</td><td colspan="2">14</td><td>操作冲击耐受电压 250/2500μs（对地 / 断口）</td><td>kV</td><td>—</td></tr>
<tr><td>额定失步开断电流</td><td>kA</td><td>12.5</td><td>15.75</td><td>SF_6 气体额定压力（20℃）</td><td>MPa</td><td>0.65</td></tr>
<tr><td>近区故障开断电流</td><td>kA</td><td colspan="2">45</td><td>SF_6 补气报警压力（20℃）</td><td>MPa</td><td>0.54</td></tr>
</table>

续表

铭牌及出厂主要技术数据						
数据名称	单位	数据		数据名称	单位	数据
额定线路充电开断电流	A	160		SF_6最低功能压力（20℃）	MPa	0.51
额定短时耐受电流	kA	50	63	额定压力下三相断路器中的气体量	kg	18
额定短路持续时间	s	3		三相断路器质量	kg	3422
峰值耐受电流（峰值）	kA	125	170	机械寿命	次	10000
关合短路电流（峰值）	kA	125	170	爬电距离（对地）	mm	7812
检修及调试数据						
数据名称	单位	数据		数据名称	单位	数据
触头开距	mm	—		各相极间合闸不同期	ms	—
行程	mm	—		三相相间分闸不同期	ms	≤3
触头超行程	mm	—		各相极间分闸不同期	ms	—
工作缸行程	mm	—		金属短接时间（合－分时间）	ms	60
分闸速度	m/s	—		重合闸无电流间歇时间	s	0.3
合闸速度	m/s	—		合闸电阻提前接入时间	ms	—
分闸时间	ms	≤24		合闸电阻值	Ω	—
合闸时间	ms	≤105		均压电容器电容值（每个断口）	pF	—
全开断时间	ms	50		电阻断口的合分时间	ms	—
三相相间合闸不同期	ms	≤5		主回路电阻值	μΩ	55
操动机构		弹簧		电机额定功率	W/相	340
分闸线圈电阻值	Ω	—		电机额定转速	r/min	—
分闸线圈匝数	匝	—		电机额定电压	V	AC220/DC220/110
合闸线圈电阻值	Ω	—		操作回路额定电压	V	AC220/DC220/110
合闸线圈匝数	匝	—		弹簧机构储能时间	s	≤10

(a) 实物图

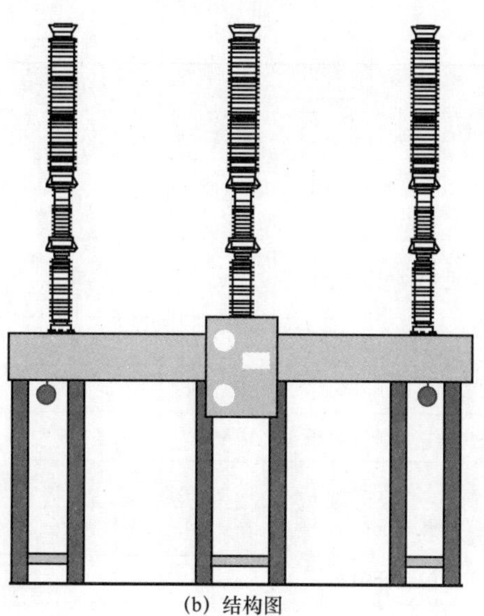
(b) 结构图

图 2-29　GL314 断路器

2.4.16　LW15-252 断路器

LW15-252 断路器铭牌及检修调试数据见表 2-31。LW15-252 断路器如图 2-30 所示。

表 2-31　　LW15-252 断路器铭牌及检修调试数据（西开）

铭牌及出厂主要技术数据						
数据名称	单位	数据		数据名称	单位	数据
额定电压	kV	252		首开级系数		1.5
额定电流	A	4000		额定操作顺序		O-0.3s-CO-180s-CO
额定频率	Hz	50		1min 工频耐受电压（湿试）（对地 / 断口）	kV	460/395+145
额定短路开断电流	kA	50		雷电冲击耐受电压 1.2/50μs（对地 / 断口）	kV	1050/950+206
短路电流开断次数	次	16		操作冲击耐受电压 250/2500μs（对地 / 断口）	kV	—
额定失步开断电流	kA	10×（100～110）%	2.5×（20～40）%	SF_6 气体额定压力（20℃）	MPa	0.6
近区故障开断电流	kA	45		SF_6 补气报警压力（20℃）	MPa	0.55

续表

铭牌及出厂主要技术数据					
数据名称	单位	数据	数据名称	单位	数据
额定线路充电开断电流	A	160	SF_6 最低功能压力（20℃）	MPa	0.5
额定短时耐受电流	kA	50	额定压力下三相断路器中的气体量	kg	30
额定短路持续时间	s	4	三相断路器质量	kg	4500
峰值耐受电流（峰值）	kA	125	机械寿命	次	5000
关合短路电流（峰值）	kA	125	爬电距离（对地）	mm	7812

检修及调试数据					
数据名称	单位	数据	数据名称	单位	数据
触头开距	mm	—	各相极间合闸不同期	ms	—
行程	mm	230^{+2}_{-5}	三相相间分闸不同期	ms	≤3
触头超行程	mm	27 ± 2	各相极间分闸不同期	ms	—
工作缸行程	mm	140^{+1}_{-3}	金属短接时间（合 – 分时间）	ms	—
分闸速度	m/s	7.5 ~ 10.5	重合闸无电流间歇时间	s	0.3
合闸速度	m/s	3.8 ~ 4.3	合闸电阻提前接入时间	ms	—
分闸时间	ms	≤30	合闸电阻值	Ω	—
合闸时间	ms	≤100	均压电容器电容值（每个断口）	pF	—
全开断时间	ms	—	电阻断口的合分时间	ms	—
三相相间合闸不同期	ms	≤4	主回路电阻值	μΩ	45
操动机构		气动	安全阀开启气压	MPa	—
额定气压	MPa	1.55	安全阀关闭气压	MPa	—
重合闸闭锁气压	MPa	1.43	合闸一次气压降	MPa	—
重合闸闭锁解除气压	MPa	1.45	分闸一次气压降	MPa	0.14
闭锁操作气压	MPa	1.2	分闸线圈电阻值	Ω	19
闭锁操作解除气压	MPa	1.3	分闸线圈匝数	匝	—
分闸闭锁气压	MPa	—	合闸线圈电阻值	Ω	33
电机额定功率	W/ 相	202	合闸线圈匝数	匝	—
电机额定转速	r/min	1420	操作回路额定电压	V	DC220/DC110
电机额定电压	V	AC380	打压超时动作时间	s	—

(a) 实物图

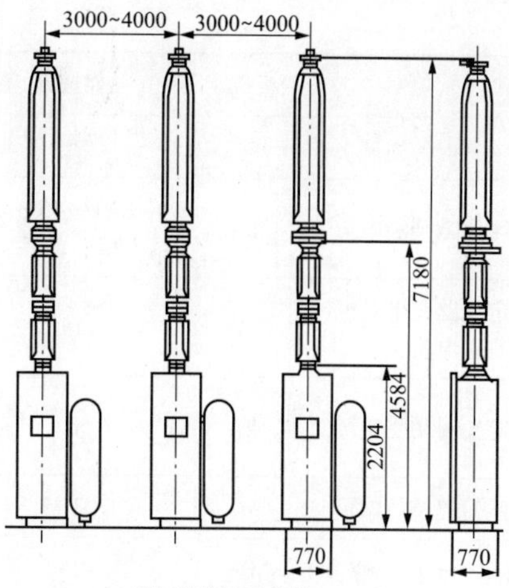

(b) 结构图（单位：mm）

图 2-30　LW15-252 断路器

2.4.17　LW62S-252T 断路器

LW62S-252T 断路器铭牌及检修调试数据见表 2-32。LW62S-252T 断路器如图 2-31 所示。

表 2-32　　LW62S-252T 断路器铭牌及检修调试数据（平高）

铭牌及出厂主要技术数据					
数据名称	单位	数据	数据名称	单位	数据
额定电压	kV	252	首开级系数		1.3
额定电流	A	4000	额定操作顺序		O–0.3s–CO–180s–CO
额定频率	Hz	50	1min 工频耐受电压（湿试）（对地 / 断口）	kV	460 460（+146）
额定短路开断电流	kA	50	雷电冲击耐受电压 1.2/50μs（对地 / 断口）	kV	1050 1050（+206）
短路电流开断次数	次	E2	操作冲击耐受电压 250/2500μs（对地 / 断口）	kV	—
额定失步开断电流	kA	12.5	SF_6 气体额定压力（20℃）	MPa	0.6 ± 0.015

续表

铭牌及出厂主要技术数据					
数据名称	单位	数据	数据名称	单位	数据
近区故障开断电流	kA	L90：45； L75：37.5	SF_6 补气报警压力（20℃）	MPa	0.55 ± 0.015
额定线路充电开断电流	A	125	SF_6 最低功能压力（20℃）	MPa	0.52 ± 0.015
额定短时耐受电流	kA	50	额定压力下三相断路器中的气体量	kg	25
额定短路持续时间	s	3	三相断路器质量	kg	3010
峰值耐受电流（峰值）	kA	125	机械寿命	次	5000
关合短路电流（峰值）	kA	125	爬电距离（对地 / 断口）	mm	7320/9400
检修及调试数据					
数据名称	单位	数据	数据名称	单位	数据
触头开距	mm	—	各相极间合闸不同期	ms	—
行程	mm	150 ± 2	三相相间分闸不同期	ms	≤3
触头超行程	mm	43 ± 2	各相极间分闸不同期	ms	—
工作缸行程	mm	—	金属短接时间（合 – 分时间）	ms	≤60
分闸速度	m/s	5.5 ± 0.5	重合闸无电流间歇时间	s	0.3
合闸速度	m/s	3.5 ± 0.5	合闸电阻提前接入时间	ms	—
分闸时间	ms	28 ± 3	合闸电阻值	Ω	—
合闸时间	ms	≤100	均压电容器电容值（每个断口）	pF	—
全开断时间	ms	≤50	电阻断口的合分时间	ms	—
三相相间合闸不同期	ms	≤3	主回路电阻值	μΩ	≤60
操动机构		弹簧	电机额定功率	W/ 相	900
分闸线圈电阻值	Ω	110（DC220V）、 27.5（DC110V）	电机额定转速	r/min	—
分闸线圈匝数	匝	—	电机额定电压	V	DC/AC 220 或 DC110
合闸线圈电阻值	Ω	110（DC220V）、 27.5（DC110V）	操作回路额定电压	V	DC 220 或 DC110
合闸线圈匝数	匝	—	弹簧机构储能时间	s	≤15

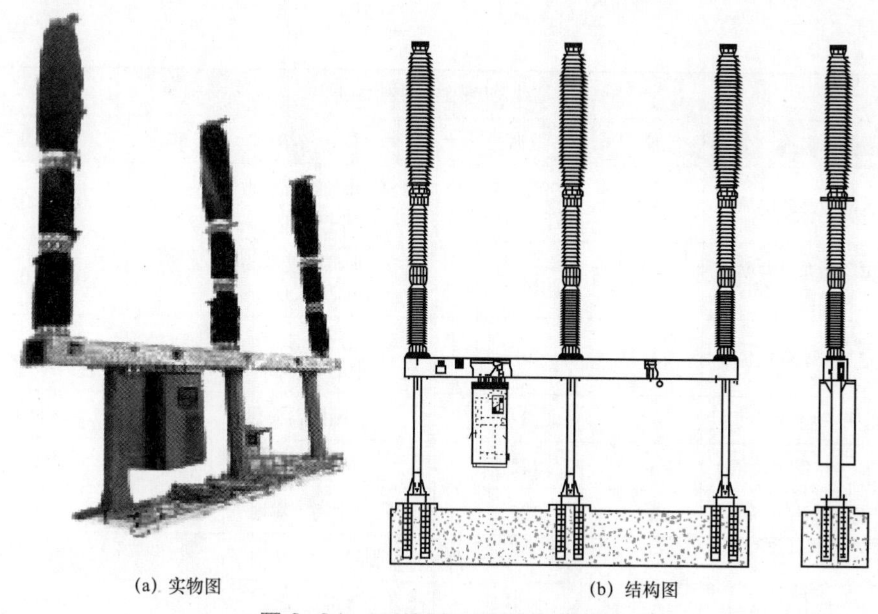

(a) 实物图　　(b) 结构图

图 2-31　LW62S-252T 断路器

2.4.18　LW55B-252 断路器

LW55B-252 断路器铭牌及检修调试数据见表 2-33。LW55B-252 断路器如图 2-32 所示。

表 2-33　　LW55B-252 断路器铭牌及检修调试数据（平高）

铭牌及出厂主要技术数据					
数据名称	单位	数据	数据名称	单位	数据
额定电压	kV	252	首开级系数		1.3
额定电流	A	4000	额定操作顺序		O-0.3s-CO-180s-CO
额定频率	Hz	50	1min 工频耐受电压（湿试）（对地 / 断口）	kV	460 460（+146）
额定短路开断电流	kA	50	雷电冲击耐受电压 1.2/50μs（对地 / 断口）	kV	1050 1050（+206）
短路电流开断次数	次	20	操作冲击耐受电压 250/2500μs（对地 / 断口）	kV	—
额定失步开断电流	kA	12.5	SF_6 气体额定压力（20℃）	MPa	0.6

续表

铭牌及出厂主要技术数据					
数据名称	单位	数据	数据名称	单位	数据
近区故障开断电流	kA	L90：45； L75：37.5	SF_6 补气报警压力（20℃）	MPa	0.55 ± 0.015
额定线路充电开断电流	A	125	SF_6 最低功能压力（20℃）	MPa	0.52 ± 0.015
额定短时耐受电流	kA	50	额定压力下三相断路器中的气体量	kg	186
额定短路持续时间	s	3	三相断路器质量	kg	10470
峰值耐受电流（峰值）	kA	125	机械寿命	次	10000
关合短路电流（峰值）	kA	125	爬电距离（对地）	mm	7812
检修及调试数据					
数据名称	单位	数据	数据名称	单位	数据
触头开距	mm	88 ± 2	各相极间合闸不同期	ms	—
行程	mm	150 ± 2	三相相间分闸不同期	ms	≤ 3
触头超行程	mm	43 ± 2	各相极间分闸不同期	ms	—
拉杆行程	mm	107 ± 1	金属短接时间（合 – 分时间）	ms	≤ 60
分闸速度	m/s	5.5 ± 0.5	重合闸无电流间歇时间	s	≥ 0.3
合闸速度	m/s	3.5 ± 0.5	合闸电阻提前接入时间	ms	—
分闸时间	ms	最高及额定电压：28 ± 3 ｜ 低压：≤ 45	合闸电阻值	Ω	—
合闸时间	ms	≤ 100 ｜ —	均压电容器电容值（每个断口）	pF	—
全开断时间	ms	≤ 50	电阻断口的合分时间	ms	—
三相相间合闸不同期	ms	≤ 5	主回路电阻值	μΩ	≤ 120
操动机构		弹簧	电机额定功率	W/ 相	600
分闸线圈电阻值	Ω	88（DC220）/ 23（DC110）	电机额定转速	r/min	—
分闸线圈匝数	匝	—	电机额定电压	V	DC220/AC220
合闸线圈电阻值	Ω	88（DC220）/ 23（DC110）	操作回路额定电压	V	DC220/DC110
合闸线圈匝数	匝	—	弹簧机构储能时间	s	≤ 15

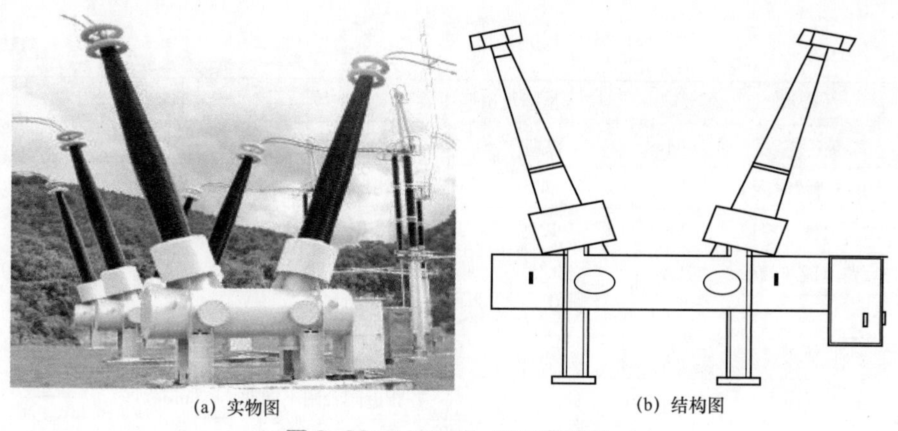

(a) 实物图　　(b) 结构图

图 2-32　LW55B-252 断路器

2.4.19　LW35-252 断路器

LW35-252 断路器铭牌及检修调试数据见表 2-34。LW35-252 断路器如图 2-33 所示。

表 2-34　　LW35-252 断路器铭牌及检修调试数据（平高）

铭牌及出厂主要技术数据					
数据名称	单位	数据	数据名称	单位	数据
额定电压	kV	252	首开级系数		1.3
额定电流	A	4000	额定操作顺序		O-0.3s-CO-180s-CO
额定频率	Hz	50	1min 工频耐受电压（湿试）（对地 / 断口）	kV	460 460（+145）
额定短路开断电流	kA	50	雷电冲击耐受电压 1.2/50μs（对地 / 断口）	kV	1050/1050（+200）
短路电流开断次数	次	16	操作冲击耐受电压 250/2500μs（对地 / 断口）	kV	—
额定失步开断电流	kA	12.5	SF_6 气体额定压力（20℃）	MPa	0.6 ± 0.015
近区故障开断电流	kA	L90：45；L75：37.5	SF_6 补气报警压力（20℃）	MPa	0.55 ± 0.015
额定线路充电开断电流	A	160	SF_6 最低功能压力（20℃）	MPa	0.52 ± 0.015
额定短时耐受电流	kA	50	额定压力下三相断路器中的气体量	kg	33

续表

铭牌及出厂主要技术数据					
数据名称	单位	数据	数据名称	单位	数据
额定短路持续时间 F	s	4	三相断路器质量	kg	4500
峰值耐受电流（峰值）	kA	125	机械寿命	次	5000
关合短路电流（峰值）	kA	125	爬电距离（对地 / 断口）	mm	7320/9400
检修及调试数据					
数据名称	单位	数据	数据名称	单位	数据
触头开距	mm	—	各相极间合闸不同期	ms	—
行程	mm	180^{+2}_{-4}	三相相间分闸不同期	ms	≤ 3
触头超行程	mm	39 ± 3	各相极间分闸不同期	ms	—
工作缸行程	mm	—	金属短接时间（合 – 分时间）	ms	55 ± 5
分闸速度	m/s	8.0 ± 0.5	重合闸无电流间歇时间	s	0.3
合闸速度	m/s	3.6 ± 0.6	合闸电阻提前接入时间	ms	—
分闸时间	ms	27 ± 4	合闸电阻值	Ω	—
合闸时间	ms	≤ 100	均压电容器电容值（每个断口）	pF	—
全开断时间	ms	≤ 60	电阻断口的合分时间	ms	—
三相相间合闸不同期	ms	≤ 5	主回路电阻值	μΩ	≤ 60
操动机构		弹簧	电机额定功率	W/ 相	600
分闸线圈电阻值		88（DC220）/ 22.92（DC110）	电机额定转速	r/min	480
分闸线圈匝数	匝	—	电机额定电压	V	DC220/AC 220
合闸线圈电阻值		88（DC220）/ 22.92（DC110）	操作回路额定电压	V	DC220/DC110
合闸线圈匝数	匝	—	弹簧机构储能时间	s	≤ 15

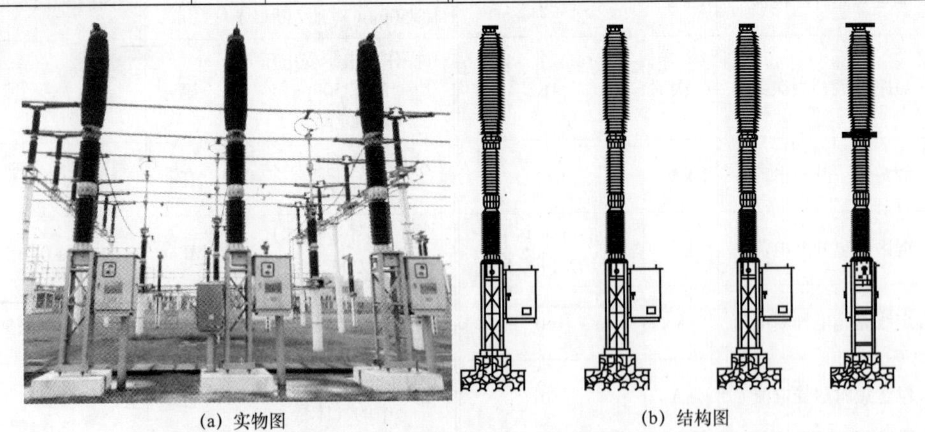

(a) 实物图　　(b) 结构图

图 2-33　LW35-252 断路器

2.4.20 GLW58-252 断路器（分相）

GLW58-252 断路器（分相）铭牌及检修调试数据见表 2-35。GLW58-252 断路器如图 2-34 所示。

表 2-35　　GLW58-252 断路器（分相）铭牌及检修调试数据（如高）

铭牌及出厂主要技术数据					
数据名称	单位	数据	数据名称	单位	数据
额定电压	kV	252	首开极系数		1.3
额定电流	A	4000	额定操作顺序		O-0.3s-CO-180s-CO
额定频率	Hz	50	1min 工频耐受电压（湿试）（对地 / 断口）	kV	460 460+146
额定短路开断电流	kA	50	雷电冲击耐受电压 1.2/50μs（对地 / 断口）	kV	1050/1050+206
短路电流开断次数	次	20	操作冲击耐受电压 250/2500μs（对地 / 断口）	kV	—
额定失步开断电流	kA	12.5	SF_6 气体额定压力（20℃）	MPa	0.70
近区故障开断电流	kA	L90：45； L70：37.5	SF_6 补气报警压力（20℃）	MPa	0.65
额定线路充电开断电流	A	200	SF_6 最低功能压力（20℃）	MPa	0.60
额定短时耐受电流	kA	50	额定压力下三相断路器中的气体量	kg	18
额定短路持续时间	s	3	三相断路器质量	kg	4350
峰值耐受电流（峰值）	kA	125	机械寿命	次	10000
关合短路电流（峰值）	kA	125	爬电距离（对地 / 断口）	mm	7812/9000
检修及调试数据					
数据名称	单位	数据	数据名称	单位	数据
触头开距	mm	117	各相极间合闸不同期	ms	—
行程	mm	160	三相相间分闸不同期	ms	≤3
触头超行程	mm	43	各相极间分闸不同期	ms	—
工作缸行程	mm	—	金属短接时间（合－分时间）	ms	≤60
分闸速度	m/s	6.0 ± 0.5	重合闸无电流间歇时间	s	0.3
合闸速度	m/s	3.8 ± 0.5	合闸电阻提前接入时间	ms	—

续表

检修及调试数据					
数据名称	单位	数据	数据名称	单位	数据
分闸时间	ms	26 ± 4	合闸电阻值	Ω	—
合闸时间	ms	≤100	均压电容器电容值（每个断口）	pF	—
全开断时间	ms	≤50	电阻断口的合分时间	ms	—
三相相间合闸不同期	ms	≤4	主回路电阻值	μΩ	≤40
操动机构		弹簧	电机额定功率	W/ 相	720（三相）
分闸线圈电阻值	Ω	245	电机额定转速	r/min	530
分闸线圈匝数	匝	—	电机额定电压	V	AC/DC220
合闸线圈电阻值	Ω	220	操作回路额定电压	V	DC220
合闸线圈匝数	匝	—	弹簧机构储能时间	s	＜20

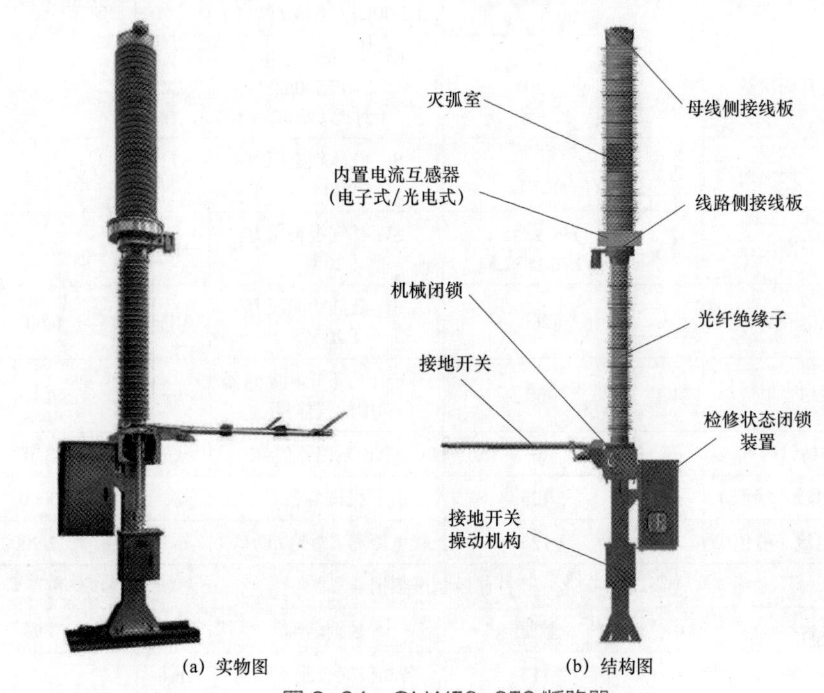

图 2-34　GLW58-252 断路器

2.4.21　GLW2-252 断路器（有源）

GLW2-252 断路器（有源）铭牌及检修调试数据见表 2-36。GLW2-252 断路器（有源）如图 2-35 所示。

表 2-36　GLW2-252 隔离断路器（有源）铭牌及检修调试数据（平高）

铭牌及出厂主要技术数据					
数据名称	单位	数据	数据名称	单位	数据
额定电压	kV	252	首开级系数		1.3
额定电流	A	4000	额定操作顺序		O–0.3s–CO–180s–CO
额定频率	Hz	50	1min 工频耐受电压（湿试）（对地 / 断口）	kV	460 460（+146）
额定短路开断电流	kA	50	雷电冲击耐受电压 1.2/50μs（对地 / 断口）	kV	1050/1050+（206）
短路电流开断次数	次	12	操作冲击耐受电压 250/2500μs（对地 / 断口）	kV	—
额定失步开断电流	kA	10	SF_6 气体额定压力（20℃）	MPa	0.6
近区故障开断电流	kA	L90：45；L70：37.5	SF_6 补气报警压力（20℃）	MPa	0.55
额定线路充电开断电流	A	125	SF_6 最低功能压力（20℃）	MPa	0.52
额定短时耐受电流	kA	50	额定压力下三相断路器中的气体量	kg	33
额定短路持续时间	s	0.3	三相断路器质量	kg	4500
峰值耐受电流（峰值）	kA	125	机械寿命	次	5000
关合短路电流（峰值）	kA	—	爬电距离（对地 / 断口）	mm	7812/8745
检修及调试数据					
数据名称	单位	数据	数据名称	单位	数据
触头开距	mm	—	各相极间合闸不同期	ms	—
行程	mm	150 ± 2	三相相间分闸不同期	ms	≤3
触头超行程	mm	43 ± 2	各相极间分闸不同期	ms	—
工作缸行程	mm	—	金属短接时间（合 – 分时间）	ms	≤60
分闸速度	m/s	5.5 ± 0.5	重合闸无电流间歇时间	s	≥0.3
合闸速度	m/s	3.5 ± 0.5	合闸电阻提前接入时间	ms	—
分闸时间	ms	27 ± 3	合闸电阻值	Ω	—
合闸时间	ms	70 ± 10	均压电容器电容值（每个断口）	pF	—
全开断时间	ms	≤50	电阻断口的合分时间	ms	—
三相相间合闸不同期	ms	≤5	主回路电阻值	μΩ	≤60

检修及调试数据					
数据名称	单位	数据	数据名称	单位	数据
操动机构		弹簧	电机额定功率	W/相	600
分闸线圈电阻值	Ω	88/DC220	电机额定转速	r/min	480
分闸线圈匝数	匝	—	电机额定电压	V	DC220/AC220
合闸线圈电阻值	Ω	88/DC220	操作回路额定电压	V	DC220/DC110
合闸线圈匝数	匝	—	弹簧机构储能时间	s	15

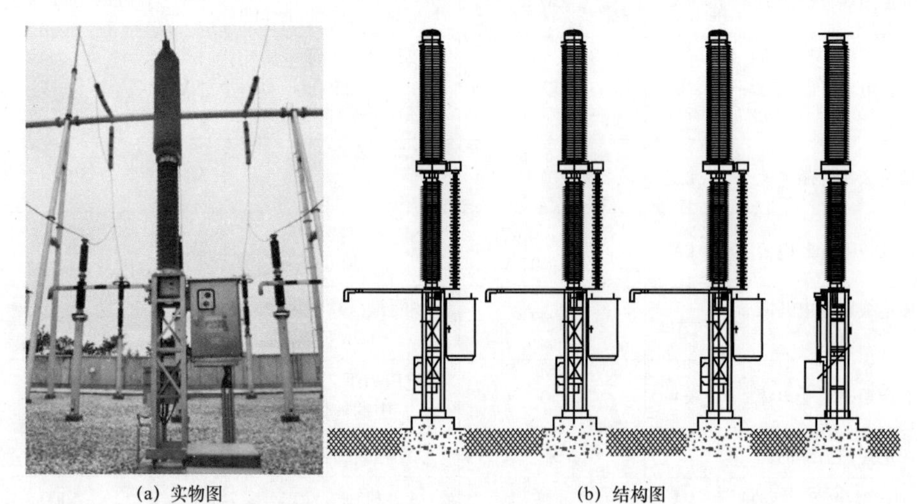

(a) 实物图　　(b) 结构图

图 2-35　GLW2-252 断路器（有源）

2.4.22　GLW2-252 断路器（无源）

GLW2-252 断路器（无源）铭牌及检修调试数据见表 2-37。GLW2-252 断路器（无源）如图 2-36 所示。

表 2-37　　GLW2-252 断路器（无源）铭牌及检修调试数据（平高）

铭牌及出厂主要技术数据					
数据名称	单位	数据	数据名称	单位	数据
额定电压	kV	252	首开级系数		1.3
额定电流	A	4000	额定操作顺序		O–0.3s–CO–180s–CO
额定频率	Hz	50	1min 工频耐受电压（湿试）（对地 / 断口）	kV	460
					460（+146）

续表

铭牌及出厂主要技术数据					
数据名称	单位	数据	数据名称	单位	数据
额定短路开断电流	kA	50	雷电冲击耐受电压 1.2/50μs（对地 / 断口）	kV	1050/1050+（206）
短路电流开断次数	次	12	操作冲击耐受电压 250/2500μs（对地 / 断口）	kV	—
额定失步开断电流	kA	10	SF_6 气体额定压力（20℃）	MPa	0.6
近区故障开断电流	kA	L90：45；L70：37.5	SF_6 补气报警压力（20℃）	MPa	0.55
额定线路充电开断电流	A	125	SF_6 最低功能压力（20℃）	MPa	0.52
额定短时耐受电流	kA	50	额定压力下三相断路器中的气体量	kg	33
额定短路持续时间	s	3	三相断路器质量	kg	4500
峰值耐受电流（峰值）	kA	125	机械寿命	次	5000
关合短路电流（峰值）	kA	—	爬电距离（对地 / 断口）	mm	7812/8745
检修及调试数据					
数据名称	单位	数据	数据名称	单位	数据
触头开距	mm	—	各相极间合闸不同期	ms	—
行程	mm	150 ± 2	三相相间分闸不同期	ms	≤3
触头超行程	mm	43 ± 2	各相极间分闸不同期	ms	—
工作缸行程	mm	—	金属短接时间（合 – 分时间）	ms	≤60
分闸速度	m/s	5.5 ± 0.5	重合闸无电流间歇时间	s	≥0.3
合闸速度	m/s	3.5 ± 0.5	合闸电阻提前接入时间	ms	—
分闸时间	ms	27 ± 3	合闸电阻值	Ω	—
合闸时间	ms	70 ± 10	均压电容器电容值（每个断口）	pF	—
全开断时间	ms	≤50	电阻断口的合分时间	ms	—
三相相间合闸不同期	ms	≤5	主回路电阻值	μΩ	≤60
操动机构		CT 口 –3 Ⅲ弹簧	电机额定功率	W/ 相	600
分闸线圈电阻值	Ω	88/DC220	电机额定转速	r/min	480
分闸线圈匝数	匝	—	电机额定电压	V	DC220/AC220
合闸线圈电阻值	Ω	88/DC220	操作回路额定电压	V	DC220/DC110
合闸线圈匝数	匝	—	弹簧机构储能时间	s	≤15

(a) 实物图　　(b) 结构图

图 2-36　GLW2-252 断路器（无源）

2.5　110kV 电压等级断路器

2.5.1　LW24-126 型罐式断路器

LW24-126 型罐式断路器的铭牌及检修调试数据见表 2-38。LW24-126 型罐式断路器如图 2-37 所示。

表 2-38　　LW24-126 型罐式断路器铭牌及检修调试数据（西开）

铭牌及出厂主要技术数据					
数据名称	单位	数据	数据名称	单位	数据
额定电压	kV	126	首开级系数		1.5
额定电流	A	3150	额定操作顺序		O-0.3s-CO-180s-CO
额定频率	Hz	50	1min 工频耐受电压（湿试）（对地 / 断口）	kV	230/230+73
额定短路开断电流	kA	40	雷电冲击耐受电压 1.2/50μs（对地 / 断口）	kV	550/550+100
短路电流开断次数	次	40	操作冲击耐受电压 250/2500μs（对地 / 断口）	kV	—
额定失步开断电流	kA	10	SF_6 气体额定压力（20℃）	MPa	0.5

续表

铭牌及出厂主要技术数据					
数据名称	单位	数据	数据名称	单位	数据
近区故障开断电流	kA	L90：36；L75：30	SF_6补气报警压力（20℃）	MPa	0.45
额定线路充电开断电流	A	由实际线路长度决定	SF_6最低功能压力（20℃）	MPa	0.4
额定短时耐受电流	kA	40	额定压力下三相断路器中的气体量	kg	30
额定短路持续时间	s	4	三相断路器质量	kg	3500
峰值耐受电流（峰值）	kA	100	机械寿命	次	≥5000
关合短路电流（峰值）	kA	100	爬电距离（对地）	mm	3150
检修及调试数据					
数据名称	单位	数据	数据名称	单位	数据
触头开距	mm	123	各相极间合闸不同期	ms	—
行程	mm	146 ~ 152	三相相间分闸不同期	ms	—
触头超行程	mm	27 ± 2	各相极间分闸不同期	ms	≤2
工作缸行程	mm	—	金属短接时间（合－分时间）	ms	60
分闸速度	m/s	4.1 ~ 4.8	重合闸无电流间歇时间	ms	280 ~ 300
合闸速度	m/s	1.7 ~ 2.4	合闸电阻提前接入时间	ms	—
分闸时间	ms	≤30	合闸电阻值	Ω	—
合闸时间	ms	≤100	均压电容器电容值（每个断口）	pF	—
全开断时间	ms	≤60	电阻断口的合分时间	ms	—
三相相间合闸不同期	ms	≤4	主回路电阻值	μΩ	≤95
操动机构		弹簧	电机额定功率	W/相	450
分闸线圈电阻值	Ω	92（DC220V）/19（DC110V）	电机额定转速	r/min	480
分闸线圈匝数	匝	—	电机额定电压	V	DC220/AC220
合闸线圈电阻值	Ω	110（DC220V）/33（DC110V）	操作回路额定电压	V	DC220
合闸线圈匝数	匝	—	弹簧机构储能时间	s	≤15

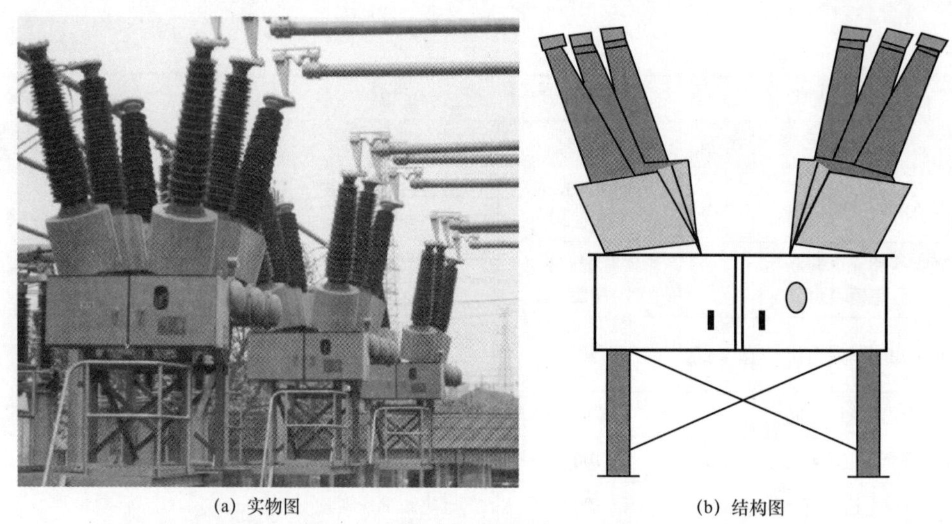

(a) 实物图　　(b) 结构图

图 2-37　LW24-126 罐式断路器

2.5.2 LW25A-126 型断路器

LW25A-126 型断路器铭牌及检修调试数据见表 2-39。LW25A-126 型断路器如图 2-38 所示。

表 2-39　LW25A-126 型断路器铭牌及检修调试数据（西开）

铭牌及出厂主要技术数据					
数据名称	单位	数据	数据名称	单位	数据
额定电压	kV	126	首开级系数		1.5
额定电流	A	3150	额定操作顺序		O-0.3s-CO-180s-CO
额定频率	Hz	50	1min 工频耐受电压（湿试）（对地 / 断口）	kV	230/230+73
额定短路开断电流	kA	40	雷电冲击耐受电压 1.2/50μs（对地 / 断口）	kV	550/550+100
短路电流开断次数	次	40	操作冲击耐受电压 250/2500μs（对地 / 断口）	kV	—
额定失步开断电流	kA	12.5	SF_6 气体额定压力（20℃）	MPa	0.5
近区故障开断电流	kA	L90：36	SF_6 补气报警压力（20℃）	MPa	0.45

续表

铭牌及出厂主要技术数据					
数据名称	单位	数据	数据名称	单位	数据
额定线路充电开断电流	A	由实际线路长度决定	SF_6 最低功能压力（20℃）	MPa	0.4
额定短时耐受电流	kA	40	额定压力下三相断路器中的气体量	kg	6
额定短路持续时间	s	4	三相断路器质量	kg	1400
峰值耐受电流（峰值）	kA	100	机械寿命	次	≥5000
关合短路电流（峰值）	kA	100	爬电距离（对地 / 断口）	mm	3150/3623

检修及调试数据					
数据名称	单位	数据	数据名称	单位	数据
触头开距	mm	123	各相极间合闸不同期	ms	—
行程	mm	146 ~ 152	三相相间分闸不同期	ms	—
触头超行程	mm	27 ± 2	各相极间分闸不同期	ms	≤2
工作缸行程	mm	—	金属短接时间（合 – 分时间）	ms	60
分闸速度	m/s	4.2 ~ 4.8	重合闸无电流间歇时间	ms	280 ~ 300
合闸速度	m/s	1.4 ~ 2.4	合闸电阻提前接入时间	ms	—
分闸时间	ms	≤30	合闸电阻值	Ω	—
合闸时间	ms	≤100	均压电容器电容值（每个断口）	pF	—
全开断时间	ms	≤60	电阻断口的合分时间	ms	—
三相相间合闸不同期	ms	≤4	主回路电阻值	μΩ	≤45
操动机构		弹簧	电机额定功率	W/ 相	450
分闸线圈电阻值	Ω	92（DC220V）/ 19（DC110V）	电机额定转速	r/min	480
分闸线圈匝数	匝	—	电机额定电压	V	DC220/AC220
合闸线圈电阻值	Ω	110（DC220V）/ 33（DC110V）	操作回路额定电压	V	DC220
合闸线圈匝数	匝	—	弹簧机构储能时间	s	≤15

(a) 实物图

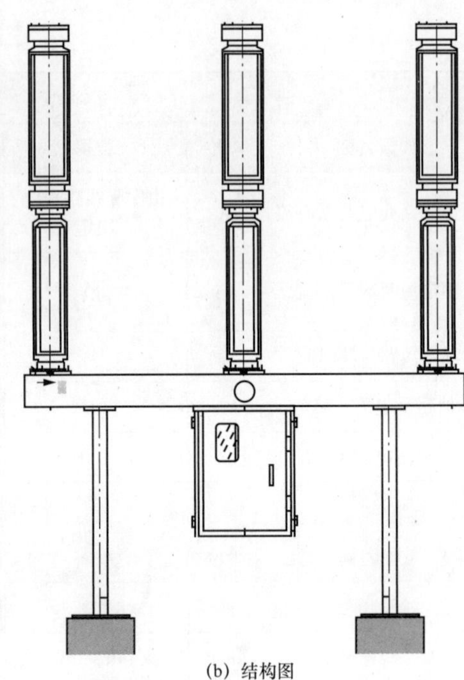

(b) 结构图

图 2-38 LW25A-126 型断路器

2.5.3 LW25C-126 型断路器

LW25C-126 型断路器铭牌及检修调试数据见表 2-40。LW25C-126 型断路器如图 2-39 所示。

表 2-40 LW25C-126 型断路器铭牌及检修调试数据（西开）

铭牌及出厂主要技术数据					
数据名称	单位	数据	数据名称	单位	数据
额定电压	kV	126	首开级系数		1.5
额定电流	A	3150	额定操作顺序		O-0.3s-CO-180s-CO
额定频率	Hz	50	1min 工频耐受电压（对地 / 断口）	kV	230/230+70
额定短路开断电流	kA	31.5	雷电冲击耐受电压 1.2/50μs（对地 / 断口）	kV	550/550+100
短路电流开断次数	次	≥20	操作冲击耐受电压（对地 / 断口）	kV	—
额定失步开断电流	kA	10	SF_6 气体额定压力（20℃）	MPa	0.5

续表

铭牌及出厂主要技术数据					
数据名称	单位	数据	数据名称	单位	数据
近区故障开断电流 L90/L75	kA	L90：28.35；L75：23.625	SF_6 补气报警压力（20℃）	MPa	0.45
额定线路充电开断电流	A	—	SF_6 最低功能压力（20℃）	MPa	0.4
额定短时耐受电流	kA	31.5	额定压力下三相断路器中的气体量	kg	3×2
额定短路持续时间	s	4	三相断路器质量	kg	1400
峰值耐受电流（峰值）	kA	80	机械寿命	次	≥5000
关合短路电流（峰值）	kA	80	爬电距离	mm	3906

检修及调试数据					
数据名称	单位	数据	数据名称	单位	数据
触头开距	mm	—	各相极间合闸不同期	ms	—
行程	mm	—	三相相间分闸不同期	ms	2
触头超行程	mm	—	各相极间分闸不同期	ms	—
工作缸行程	mm	—	金属短接时间（合－分时间）	ms	≤60
分闸速度	m/s	4.2～4.8	重合闸无电流间歇时间	s	≥0.3
合闸速度	m/s	1.4～2.0	合闸电阻提前接入时间	ms	—
分闸时间	ms	≤40	合闸电阻值	Ω	—
合闸时间	ms	≤110	均压电容器电容值（每个断口）	pF	—
全开断时间	ms	≤60	电阻断口的合分时间	ms	—
三相相间合闸不同期	ms	4	主回路电阻值	μΩ	≤45
操动机构		弹簧	电机额定电压	V	AC220/DC220/DC110
分闸线圈稳态电流	A	2.4（DC220） 5.8（DC110）	操作回路额定电压	V	DC220/DC110
合闸线圈稳态电流	A	2（DC220） 3.3（DC110）	弹簧机构储能时间	s	≤15

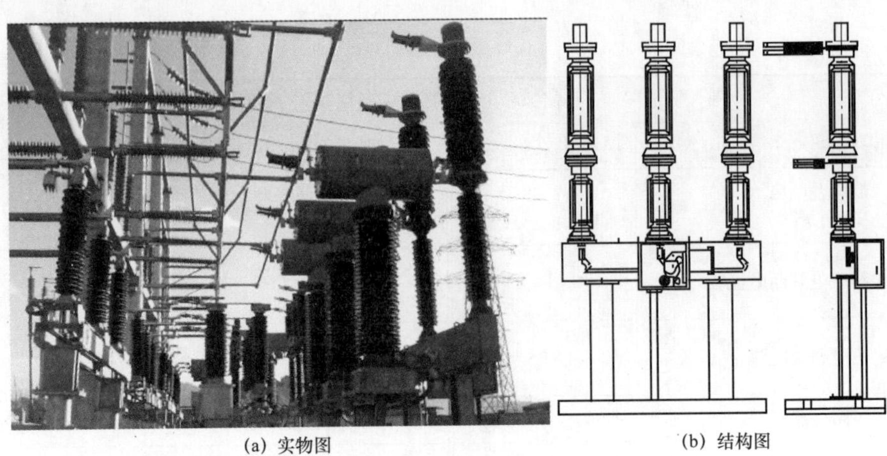

图 2-39 LW25C-126 断路器

2.5.4 LW25-126 断路器

LW25-126 断路器铭牌及检修调试数据见表 2-41。LW25-126 断路器如图 2-40 所示。

表 2-41 LW25-126 断路器铭牌及检修调试数据

铭牌及出厂主要技术数据					
数据名称	单位	数据	数据名称	单位	数据
额定电压	kV	126	首开级系数		1.5
额定电流	A	2000	额定操作顺序		O-0.3s-CO-180s-CO
额定频率	Hz	50	1min 工频耐受电压（断口 / 对地）	kV	265/230
额定短路开断电流	kA	40	雷电冲击耐受电压（断口 / 对地）	kV	630/550
短路电流开断次数	次	—	操作冲击耐受电压（断口 / 对地）	kV	—
额定失步开断电流	kA	Ie × 25%	SF_6 气体额定压力（20℃）	MPa	0.5
近区故障开断电流	kA	L90 ： 36	SF_6 补气报警压力（20℃）	MPa	0.45
额定线路充电开合电流（有效值）	kA	31.5	SF_6 最低功能压力（20℃）	MPa	0.40
额定短时耐受电流	kA	40	SF_6 气体用量	kg	6
额定短路持续时间	s	4	三相断路器质量	kg	1400
峰值耐受电流（峰值）	kA	100	机械寿命	次	3000
关合短路电流（峰值）	kA	100	爬电距离（断口 / 对地）	mm	3150/3906

续表

检修及调试数据					
数据名称	单位	数据	数据名称	单位	数据
触头开距	mm	—	各相极间合闸不同期	ms	—
触头行程	mm	146 ~ 152	三相相间分闸不同期	ms	2
触头超行程	mm	27 ± 2	各相极间分闸不同期	ms	—
工作缸行程	mm	—	金属短接时间（合 - 分时间）	ms	40 ~ 50
分闸速度	m/s	4.2 ~ 4.7	重合闸无电流间歇时间	ms	300
合闸速度	m/s	1.4 ~ 2	合闸电阻提前接入时间	ms	—
分闸时间	ms	30	合闸电阻值（每相）	Ω	—
合闸时间	ms	150	均压电容器电容值（每个断口）	pF	—
全开断时间	ms	60	电阻断口的合分时间	ms	—
三相相间合闸不同期	ms	4	主回路电阻值	μΩ	—
操动机构		弹簧	电机额定功率	W	300
分闸线圈电阻值	Ω	92（DC220）/ 19（DC110）	电机额定转速	r/min	750
分闸线圈匝数	匝	—	电机额定电压	V	DC220/AC220
合闸线圈电阻值	Ω	110（DC220）/ 33（DC110）	操作回路额定电压	V	DC220/110
合闸线圈匝数	匝	—			

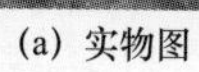
(a) 实物图

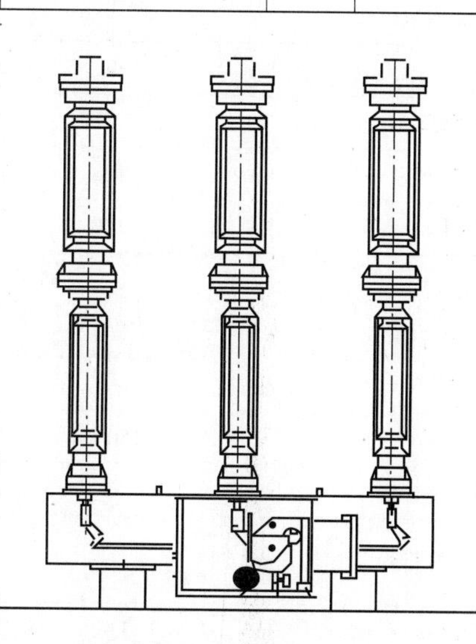
(b) 结构图

图 2-40　LW25-126 断路器

2.5.5 LW35-126 断路器

LW35-126 断路器铭牌及检修调试数据见表 2-42。LW35-126 断路器如图 2-41 所示。

表 2-42　　LW35-126 断路器铭牌及检修调试数据（平高）

铭牌及出厂主要技术数据					
数据名称	单位	数据	数据名称	单位	数据
额定电压	kV	126	首开级系数		1.5
额定电流	A	3150	额定操作顺序		O–0.3s–CO–180s–CO
额定频率	Hz	50	1min 工频耐受电压（对地 / 断口）	kV	230/230+73
额定短路开断电流	kA	40	雷电冲击耐受电压 1.2/50μs（对地 / 断口）	kV	550/550+103
短路电流开断次数	次	20	操作冲击耐受电压（对地 / 断口）	kV	—
额定失步开断电流	kA	10	SF_6 气体额定压力（20℃）	MPa	0.5 ± 0.015
近区故障开断电流（L90/L75）	kA	L90：36；L75：30	SF_6 补气报警压力（20℃）	MPa	0.45 ± 0.015
额定线路充电开合电流（有效值）	A	31.5	SF_6 最低功能压力（20℃）	MPa	0.43 ± 0.015
额定短时耐受电流	kA	40	SF_6 气体用量	kg	7.6
额定短路持续时间	s	3	三相断路器质量	kg	1300
峰值耐受电流（峰值）	kA	100	机械寿命	次	10000
关合短路电流（峰值）	kA	100	爬电距离（对地）	mm	3950
检修及调试数据					
数据名称	单位	数据	数据名称	单位	数据
触头开距	mm	—	各相极间合闸不同期	ms	—
行程	mm	150 ± 4	三相相间分闸不同期	ms	≤3
触头超行程	mm	25^{+3}_{-2}	各相极间分闸不同期	ms	—
工作缸行程	mm	—	金属短接时间（合 – 分时间）	ms	≤60
分闸速度	m/s	$3.9^{+0.7}_{-0.3}$	重合闸无电流间歇时间	s	0.3
合闸速度	m/s	2.8 ± 0.3	合闸电阻提前接入时间	ms	—
分闸时间	ms	27 ± 3	合闸电阻值	Ω	—

续表

检修及调试数据					
数据名称	单位	数据	数据名称	单位	数据
合闸时间	ms	≤100	均压电容器电容值（每个断口）	pF	—
全开断时间	ms	60	电阻断口的合分时间	ms	—
三相相间合闸不同期	ms	≤3	主回路电阻值	μΩ	≤50
操动机构		CT□-2.6 型弹簧	电机额定功率	W/ 相	600/750
分闸线圈电阻值	Ω	88（DC220）/ 22（DC110）	电机额定转速	r/min	480
分闸线圈匝数	匝	—	电机额定电压	V	DC220/AC220/ DC110
合闸线圈电阻值	Ω	110（DC220）/ 25.58（DC110）	操作回路额定电压	V	DC220/DC110
合闸线圈匝数	匝	—	弹簧机构储能时间	s	≤15

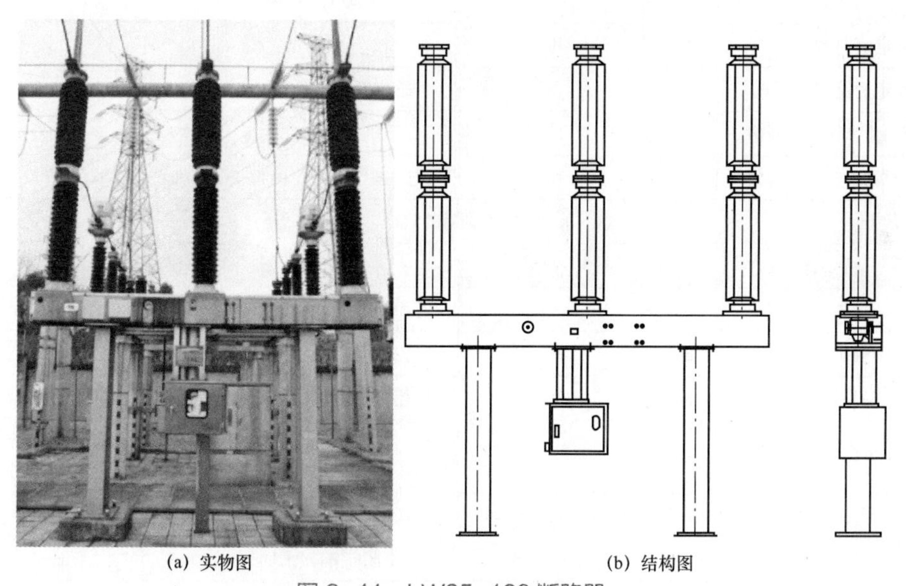

(a) 实物图　　(b) 结构图

图 2-41　LW35-126 断路器

2.5.6　LW46-126 断路器

LW46-126 断路器铭牌及检修调试数据见表 2-43。LW46-126 断路器如图 2-42 所示。

表 2-43　　LW46-126 断路器铭牌及检修调试数据

铭牌及出厂主要技术数据					
数据名称	单位	数据	数据名称	单位	数据
额定电压	kV	126	首开级系数		1.5
额定电流	A	3150	额定操作顺序		O–0.3s–CO–180s–CO
额定频率	Hz	50	1min 工频耐受电压（断口 / 对地）	kV	275
额定短路开断电流	kA	40	雷电冲击耐受电压（断口 / 对地）	kV	650
短路电流开断次数	次	20	操作冲击耐受电压（断口 / 对地）	kV	—
额定失步开断电流	kA	10	SF_6 气体额定压力（20℃）	MPa	0.5 ± 0.015
近区故障开断电流	kA	L90：36；L75：30	SF_6 补气报警压力（20℃）	MPa	0.45 ± 0.015
额定线路充电开断电流	A	31.5	SF_6 最低功能压力（20℃）	MPa	0.40 ± 0.015
额定短时耐受电流	kA	40	SF_6 气体用量	kg	6
额定短路持续时间	s	4	三相断路器质量	kg	1400
峰值耐受电流（峰值）	kA	100	机械寿命	次	6000
关合短路电流（峰值）	kA	100	爬电比距（对地 / 断口）	mm/kV	—
检修及调试数据					
数据名称	单位	数据	数据名称	单位	数据
触头开距	mm	—	各相极间合闸不同期	ms	≤3
触头行程	mm	—	三相相间分闸不同期	ms	≤3
触头超行程	mm	43 ± 4	各相极间分闸不同期	ms	≤2
工作缸行程	mm	—	金属短接时间（合 – 分时间）	ms	出厂值不大于 60，运行时不小于 60
分闸速度	m/s	4.8 ± 0.5	重合闸无电流间歇时间	s	0.3
合闸速度	m/s	2.8 ± 0.5	合闸电阻提前接入时间	ms	—
分闸时间	ms	28 ± 5	合闸电阻值（每相）	Ω	—
合闸时间	ms	≤110	均压电容器电容值（每个断口）	pF	—
全开断时间	ms	≤60	电阻断口的合分时间	ms	—
三相相间合闸不同期	ms	≤5	主回路电阻值	μΩ	—
操动机构		弹簧	电机额定功率	W	450

续表

检修及调试数据					
数据名称	单位	数据	数据名称	单位	数据
分闸线圈电阻值	Ω	110	电机额定转速	r/min	—
分闸线圈匝数	匝	—	电机额定电压	V	DC220
合闸线圈电阻值	Ω	110	操作回路额定电压	V	DC220
合闸线圈匝数	匝	—			

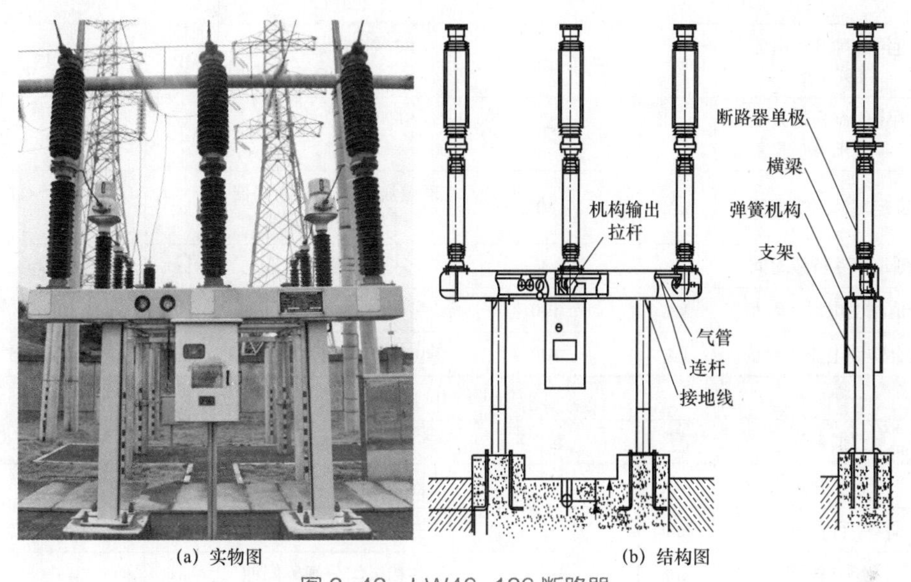

(a) 实物图 (b) 结构图

图 2-42 LW46-126 断路器

2.5.7 LTB145 D1/B 断路器

LTB145 D1/B 断路器铭牌及检修调试数据见表 2-44。LTB145 D1/B 断路器如图 2-43 所示。

表 2-44 LTB145 D1/B 断路器铭牌及检修调试数据

铭牌及出厂主要技术数据					
数据名称	单位	数据	数据名称	单位	数据
额定电压	kV	145	首开级系数		1.5
额定电流	A	3150	额定操作顺序		O-0.3s-CO-180s-CO
额定频率	Hz	50	1min 工频耐受电压（对地 / 断口）	kV	275/275+70

续表

铭牌及出厂主要技术数据					
数据名称	单位	数据	数据名称	单位	数据
额定短路开断电流	kA	40	雷电冲击耐受电压 1.2/50μs（对地 / 断口）	kV	550/650
短路电流开断次数	次	—	操作冲击耐受电压（对地 / 断口）	kV	—
额定失步开断电流	kA	10	SF_6 气体额定压力（20℃）	MPa	0.5
近区故障开断电流 L90/L75	kA	—	SF_6 补气报警压力（20℃）	MPa	0.45
额定线路充电开断电流	A	50	SF_6 最低功能压力（20℃）	MPa	0.43
额定短时耐受电流	kA	40	额定压力下三相断路器中的气体量	kg	5
额定短路持续时间	s	3	三相断路器质量	kg	1360
峰值耐受电流（峰值）	kA	100	机械寿命	次	10000
关合短路电流（峰值）	kA	100	爬电距离（对地 / 断口）	mm	3800/4015
检修及调试数据					
数据名称	单位	数据	数据名称	单位	数据
触头开距	mm	—	各相极间合闸不同期	ms	—
行程	mm	—	三相相间分闸不同期	ms	≤3
触头超行程	mm	—	各相极间分闸不同期	ms	—
工作缸行程	mm	—	金属短接时间（合 – 分时间）	ms	≤50
分闸速度	m/s	—	重合闸无电流间歇时间	s	≥0.3
合闸速度	m/s	—	合闸电阻提前接入时间	ms	—
分闸时间	ms	22 ± 3	合闸电阻值	Ω	—
合闸时间	ms	≤40	均压电容器电容值（每个断口）	pF	—
全开断时间	ms	≤40	电阻断口的合分时间	ms	—
三相相间合闸不同期	ms	≤5	主回路电阻值	μΩ	≤40
操动机构		弹簧	电机额定电压	V	AC220 DC220/DC110
分闸线圈稳态电流	A	1.0（DC220） 2.0（DC110）	操作回路额定电压	V	DC220/DC110
合闸线圈稳态电流	A	1.0（DC220） 2.0（DC110）	弹簧机构储能时间	s	≤15

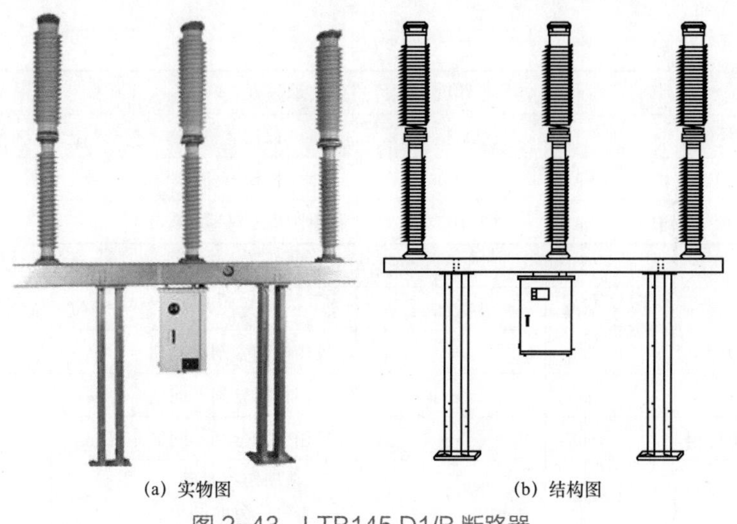

(a) 实物图　　(b) 结构图

图 2-43　LTB145 D1/B 断路器

2.5.8　LW30-126 断路器

LW30-126 断路器铭牌及检修调试数据见表 2-45。LW30-126 断路器如图 2-44 所示。

表 2-45　　LW30-126 断路器铭牌及检修调试数据

铭牌及出厂主要技术数据					
数据名称	单位	数据	数据名称	单位	数据
额定电压	kV	126	首开级系数		1.5
额定电流	A	3150	额定操作顺序		O–0.3s–CO–180s–CO
额定频率	Hz	50	1min 工频耐受电压（对地 / 断口）	kV	230/230+70
额定短路开断电流	kA	40	雷电冲击耐受电压 1.2/50μs（对地 / 断口）	kV	550/550+100
短路电流开断次数	次	—	操作冲击耐受电压（对地 / 断口）	kV	—
额定失步开断电流	kA	10	SF_6 气体额定压力（20℃）	MPa	0.5
近区故障开断电流 L90/L75	kA	L90 ：36；L75 ：30	SF_6 补气报警压力（20℃）	MPa	0.43
额定线路充电开断电流	A	31.5	SF_6 最低功能压力（20℃）	MPa	0.40
额定短时耐受电流	kA	40	额定压力下三相断路器中的气体量	kg	12
额定短路持续时间	s	4	三相断路器质量	kg	2000

续表

铭牌及出厂主要技术数据					
数据名称	单位	数据	数据名称	单位	数据
峰值耐受电流（峰值）	kA	100	机械寿命	次	10000
关合短路电流（峰值）	kA	100	爬电距离（对地 / 断口）	mm	3906/3906
检修及调试数据					
数据名称	单位	数据	数据名称	单位	数据
触头开距	mm	—	各相极间合闸不同期	ms	—
行程	mm	—	三相相间分闸不同期	ms	≤3
触头超行程	mm	—	各相极间分闸不同期	ms	—
工作缸行程	mm	—	金属短接时间（合 – 分时间）	ms	50 ± 10
分闸速度	m/s	—	重合闸无电流间歇时间	s	≥0.3
合闸速度	m/s	—	合闸电阻提前接入时间	ms	—
分闸时间	ms	33 ± 7	合闸电阻值	Ω	—
合闸时间	ms	≤105	均压电容器电容值（每个断口）	pF	—
全开断时间	ms	≤60	电阻断口的合分时间	ms	—
三相相间合闸不同期	ms	≤5	主回路电阻值	μΩ	≤45
操动机构		弹簧	电机额定电压	V	AC220/DC220
分闸线圈稳态电流	A	2.5（DC220）	操作回路额定电压	V	DC220/DC110
		4.8（DC110）			
合闸线圈稳态电流	A	2.5（DC220）	弹簧机构储能时间	s	15
		4.4（DC110）			

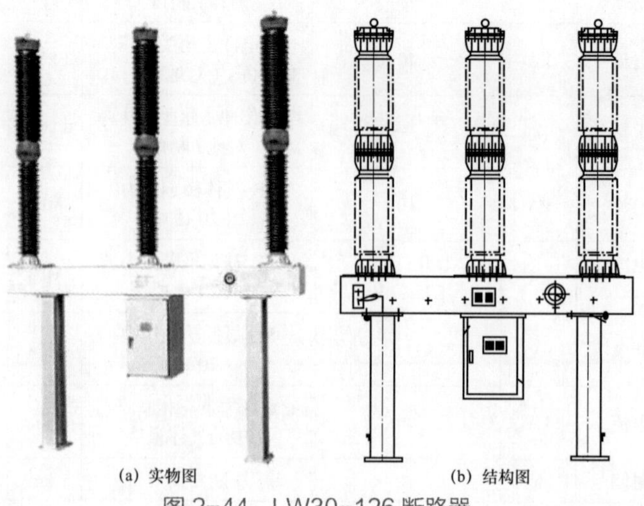

(a) 实物图　(b) 结构图

图 2-44　LW30-126 断路器

2.5.9 LW36-126 断路器

LW36-126 断路器及检修调试数据见表 2-46。LW36-126 断路器如图 2-45 所示。

表 2-46　　　　LW36-126 断路器铭牌及检修调试数据（如高）

铭牌及出厂主要技术数据					
数据名称	单位	数据	数据名称	单位	数据
额定电压	kV	126	首开极系数		1.5
额定电流	A	3150	额定操作顺序		O–0.3s–CO–180s–CO
额定频率	Hz	50	1min 工频耐受电压（湿试）（对地 / 断口）	kV	230 230+73
额定短路开断电流	kA	40	雷电冲击耐受电压 1.2/50μs（对地 / 断口）	kV	550/550+103
短路电流开断次数	次	22	操作冲击耐受电压 250/2500μs（对地 / 断口）	kV	—
额定失步开断电流	kA	10	SF_6 气体额定压力（20℃）	MPa	0.60
近区故障开断电流	kA	L90：36；L75：30	SF_6 补气报警压力（20℃）	MPa	0.50
额定线路充电开断电流	A	31.5A	SF_6 最低功能压力（20℃）	MPa	0.45
额定短时耐受电流	kA	40	额定压力下三相断路器中的气体量	kg	8
额定短路持续时间	s	4	三相断路器质量	kg	1410
峰值耐受电流（峰值）	kA	100	机械寿命	次	10000
关合短路电流（峰值）	kA	100	爬电距离（对地 / 断口）	mm	3150/3150
检修及调试数据					
数据名称	单位	数据	数据名称	单位	数据
触头开距	mm	94	各相极间合闸不同期	ms	—
行程	mm	130	三相相间分闸不同期	ms	≤2
触头超行程	mm	36	各相极间分闸不同期	ms	—
工作缸行程	mm	—	金属短接时间（合 – 分时间）	ms	≤60
分闸速度	m/s	5.0 ± 0.5	重合闸无电流间歇时间	s	0.3
合闸速度	m/s	3.5 ± 0.5	合闸电阻提前接入时间	ms	—
分闸时间	ms	≤30	合闸电阻值	Ω	—
合闸时间	ms	60 ± 8	均压电容器电容值（每个断口）	pF	—

续表

检修及调试数据					
数据名称	单位	数据	数据名称	单位	数据
全开断时间	ms	≤60	电阻断口的合分时间	ms	—
三相相间合闸不同期	ms	≤3	主回路电阻值	μΩ	≤35
操动机构		弹簧	电机额定功率	W/ 相	720（三相）
分闸线圈电阻值	Ω	129	电机额定转速	r/min	530
分闸线圈匝数	匝	—	电机额定电压	V	AC/DC220
合闸线圈电阻值	Ω	220	操作回路额定电压	V	DC220
合闸线圈匝数	匝	—	弹簧机构储能时间	s	＜20

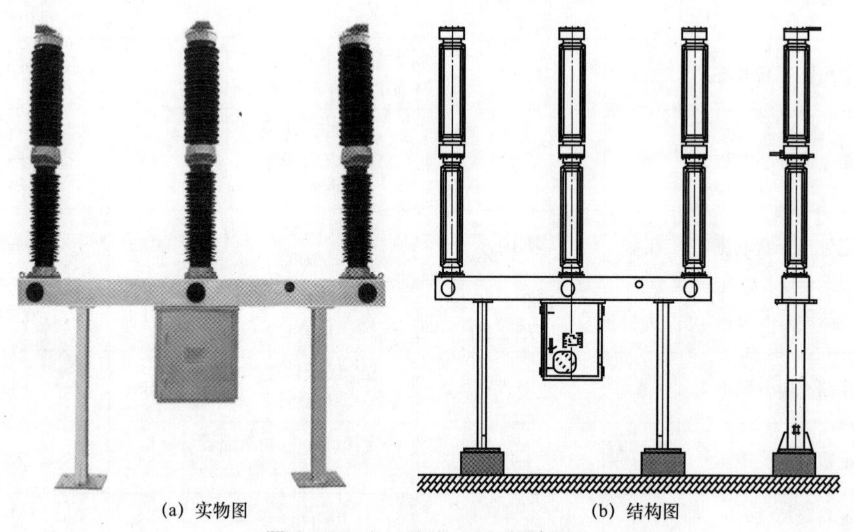

(a) 实物图　　(b) 结构图

图 2-45　LW36-126 断路器

2.5.10　GL312 断路器

GL312 断路器铭牌及检修调试数见表 2-47 所示。GL312 断路器如图 2-46 所示。

表 2-47　　GL312 断路器铭牌及检修调试数（ALSTOM）

铭牌及出厂主要技术数据					
数据名称	单位	数据	数据名称	单位	数据
额定电压	kV	145	首开级系数		1.5
额定电流	A	3150	额定操作顺序		O-0.3S-CO-180s-CO
额定频率	Hz	50	1min 工频耐受电压（湿试）（对地 / 断口）	kV	— 270/230+75

续表

铭牌及出厂主要技术数据					
数据名称	单位	数据	数据名称	单位	数据
额定短路开断电流	kA	40	雷电冲击耐受电压 1.2/50μs（对地 / 断口）	kV	650
短路电流开断次数	次	15	操作冲击耐受电压 250/2500μs（对地 / 断口）	kV	—
额定失步开断电流	kA	10	SF_6 气体额定压力（20℃）	MPa	0.64
近区故障开断电流	kA	L90：36；L75：30	SF_6 补气报警压力（20℃）	MPa	0.54
额定线路充电开断电流	A	50	SF_6 最低功能压力（20℃）	MPa	0.51
额定短时耐受电流	kA	40	额定压力下三相断路器中的气体量	kg	7.8
额定短路持续时间	s	3	三相断路器质量	kg	1120
峰值耐受电流（峰值）	kA	100	机械寿命	次	10000
关合短路电流（峰值）	kA	100	爬电距离（对地 / 断口）	mm	1350/1225
检修及调试数据					
数据名称	单位	数据	数据名称	单位	数据
触头开距	mm	—	各相极间合闸不同期	ms	≤4
行程	mm	—	三相相间分闸不同期	ms	≤2.5
触头超行程	mm	—	各相极间分闸不同期	ms	—
工作缸行程	mm	—	金属短接时间（合 – 分时间）	ms	≤60
分闸速度	m/s	—	重合闸无电流间歇时间	s	0.3
合闸速度	m/s	—	合闸电阻提前接入时间	ms	—
分闸时间	ms	≤31	合闸电阻值	Ω	—
合闸时间	ms	≤71	均压电容器电容值（每个断口）	pF	—
全开断时间	ms	50	电阻断口的合分时间	ms	—
三相相间合闸不同期	ms	≤4	主回路电阻值	μΩ	＜48
操动机构		弹簧	电机额定功率	W/ 相	340
分闸线圈电阻值	Ω	—	电机额定转速	r/min	—
分闸线圈匝数	匝	—	电机额定电压	V	AC220 DC220/110
合闸线圈电阻值	Ω	—	操作回路额定电压	V	AC220 DC220/110
合闸线圈匝数	匝	—	弹簧机构储能时间	s	≤7

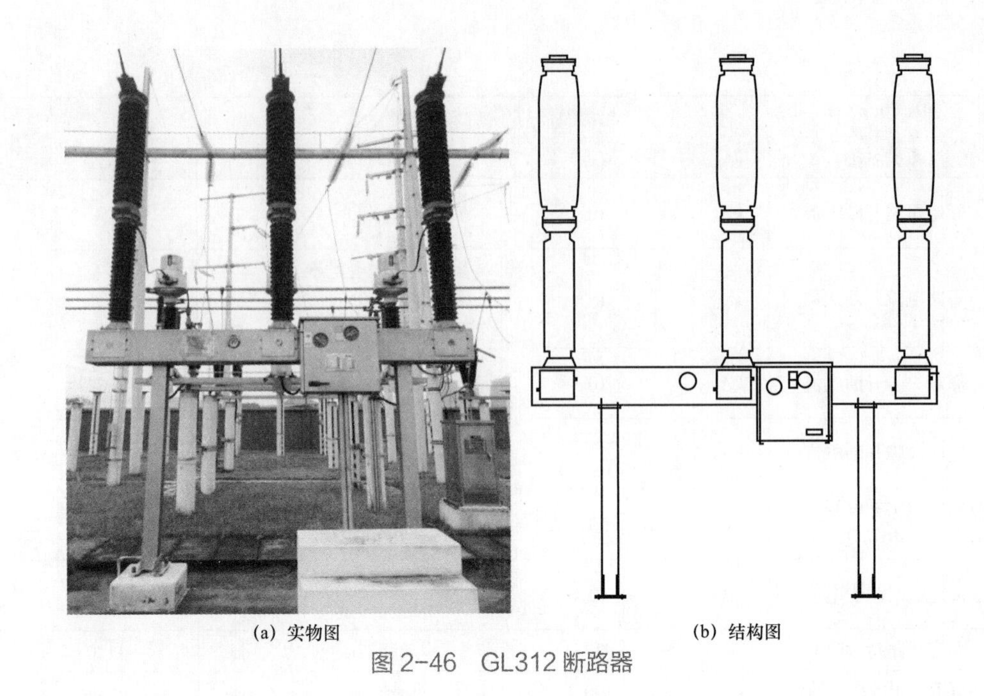

(a) 实物图　　　　(b) 结构图

图 2-46　GL312 断路器

2.5.11　GLW3-126 断路器

GLW3-126 断路器铭牌及检修调试数据见表 2-48。GLW3-126 断路器如图 2-47 所示。

表 2-48　　　GLW3-126 断路器铭牌及检修调试数据（如高）

铭牌及出厂主要技术数据					
数据名称	单位	数据	数据名称	单位	数据
额定电压	kV	126	首开极系数		1.5
额定电流	A	3150	额定操作顺序		O-0.3s-CO-180s-CO
额定频率	Hz	50	1min 工频耐受电压（湿试）（对地 / 断口）	kV	230
					230+73
额定短路开断电流	kA	40	雷电冲击耐受电压 1.2/50μs（对地 / 断口）	kV	550/550+103
短路电流开断次数	次	20	操作冲击耐受电压 250/2500μs（对地 / 断口）	kV	—
额定失步开断电流	kA	10	SF_6 气体额定压力（20℃）	MPa	0.60

续表

铭牌及出厂主要技术数据					
数据名称	单位	数据	数据名称	单位	数据
近区故障开断电流	kA	L90：36； L75：30	SF_6补气报警压力（20℃）	MPa	0.50
额定线路充电开断电流	A	31.5	SF_6最低功能压力（20℃）	MPa	0.45
额定短时耐受电流	kA	40	额定压力下三相断路器中的气体量	kg	8
额定短路持续时间	s	4	三相断路器质量	kg	1530
峰值耐受电流（峰值）	kA	100	机械寿命	次	10000
关合短路电流（峰值）	kA	100	爬电距离（对地/断口）	mm	4500/4500
检修及调试数据					
数据名称	单位	数据	数据名称	单位	数据
触头开距	mm	94	各相极间合闸不同期	ms	—
行程	mm	130	三相相间分闸不同期	ms	≤2
触头超行程	mm	36	各相极间分闸不同期	ms	—
工作缸行程	mm	—	金属短接时间（合–分时间）	ms	≤60
分闸速度	m/s	5.0±0.5	重合闸无电流间歇时间	s	0.3
合闸速度	m/s	3.5±0.5	合闸电阻提前接入时间	ms	—
分闸时间	ms	≤30	合闸电阻值	Ω	—
合闸时间	ms	60±8	均压电容器电容值（每个断口）	pF	—
全开断时间	ms	≤60	电阻断口的合分时间	ms	—
三相相间合闸不同期	ms	≤3	主回路电阻值	μΩ	≤35
操动机构		弹簧	电机额定功率	W/相	720（三相）
分闸线圈电阻值	Ω	129	电机额定转速	r/min	530
分闸线圈匝数	匝	—	电机额定电压	V	AC/DC220
合闸线圈电阻值	Ω	220	操作回路额定电压	V	DC220
合闸线圈匝数	匝	—	弹簧机构储能时间	s	＜20

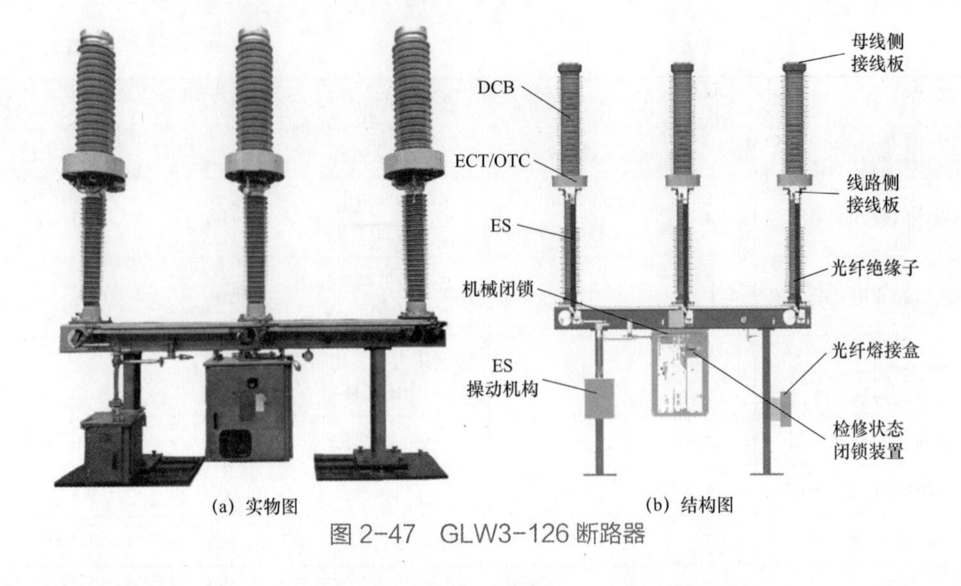

图 2-47 GLW3-126 断路器

2.5.12 GLW2-126 断路器（有源）

GLW2-126 断路器（有源）铭牌及检修调试数据见表 2-49。GLW2-126 断路器如图 2-48 所示。

表 2-49 GLW2-126 断路器（有源）铭牌及检修调试数据（平高）

铭牌及出厂主要技术数据					
数据名称	单位	数据	数据名称	单位	数据
额定电压	kV	126	首开级系数	—	1.5
额定电流	A	3150	额定操作顺序		O-0.3s-CO-180s-CO
额定频率	Hz	50	1min 工频耐受电压（湿试）（对地 / 断口）	kV	230 230（+73）
额定短路开断电流	kA	40	雷电冲击耐受电压 1.2/50μs（对地 / 断口）	kV	550/550+（103）
短路电流开断次数	次	12	操作冲击耐受电压 250/2500μs（对地 / 断口）	kV	—
额定失步开断电流	kA	10	SF_6 气体额定压力（20℃）	MPa	0.6
近区故障开断电流	kA	L90：36	SF_6 补气报警压力（20℃）	MPa	0.52
额定线路充电开断电流	A	31.5	SF_6 最低功能压力（20℃）	MPa	0.50
额定短时耐受电流	kA	40	额定压力下三相断路器中的气体量	kg	16

续表

铭牌及出厂主要技术数据					
数据名称	单位	数据	数据名称	单位	数据
额定短路持续时间	s	0.3	三相断路器质量	kg	3000
峰值耐受电流（峰值）	kA	100	机械寿命	次	5000
关合短路电流（峰值）	kA	—	爬电距离（对地 / 断口）	mm	4788/5489
检修及调试数据					
数据名称	单位	数据	数据名称	单位	数据
触头开距	mm	—	各相极间合闸不同期	ms	—
行程	mm	120 ± 2	三相相间分闸不同期	ms	≤3
触头超行程	mm	25 ± 3	各相极间分闸不同期	ms	—
工作缸行程	mm	80 ± 1	金属短接时间（合 – 分时间）	ms	≤60
分闸速度	m/s	$5^{+0.5}_{-0.2}$	重合闸无电流间歇时间	s	≥0.3
合闸速度	m/s	2.5 ± 0.5	合闸电阻提前接入时间	ms	—
分闸时间	ms	27 ± 3	合闸电阻值	Ω	—
合闸时间	ms	80 ± 10	均压电容器电容值（每个断口）	pF	—
全开断时间	ms	≤50	电阻断口的合分时间	ms	—
三相相间合闸不同期	ms	≤5	主回路电阻值	μΩ	≤50
操动机构		CT 口 –3.5 Ⅱ弹簧	电机额定功率	W/ 相	600
分闸线圈电阻值	Ω	88	电机额定转速	r/min	480
分闸线圈匝数	匝	—	电机额定电压	V	DC220
合闸线圈电阻值	Ω	88	操作回路额定电压	V	DC220
合闸线圈匝数	匝	—	弹簧机构储能时间	s	≤15

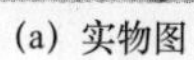

(a) 实物图

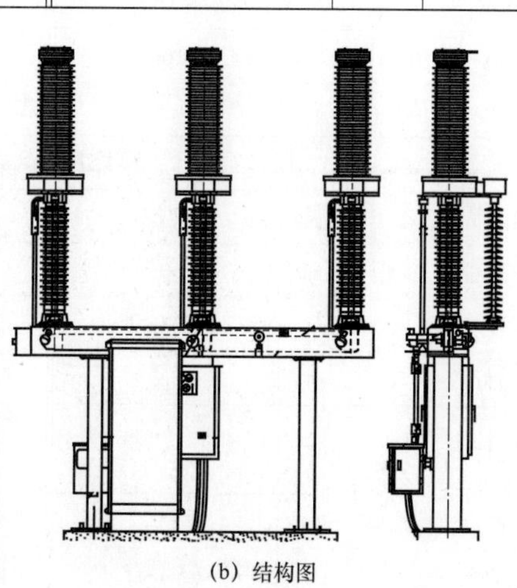

(b) 结构图

图 2-48　GLW2-126 断路器（有源）

2.5.13 GLW2-126 断路器（无源）

GLW2-126 断路器（无源）铭牌及检修调试数据见表 2-50。GLW2-126 断路器（无源）如图 2-49 所示。

表 2-50　　GLW2-126 断路器（无源）铭牌及检修调试数据（平高）

铭牌及出厂主要技术数据					
数据名称	单位	数据	数据名称	单位	数据
额定电压	kV	126	首开级系数		1.5
额定电流	A	3150	额定操作顺序		O–0.3s–CO–180s–CO
额定频率	Hz	50	1min 工频耐受电压（湿试）（对地 / 断口）	kV	230 230（+73）
额定短路开断电流	kA	40	雷电冲击耐受电压 1.2/50μs（对地 / 断口）	kV	550/550+（103）
短路电流开断次数	次	12	操作冲击耐受电压 250/2500μs（对地 / 断口）	kV	—
额定失步开断电流	kA	10	SF_6 气体额定压力（20℃）	MPa	0.6
近区故障开断电流	kA	L90：36；L75：30	SF_6 补气报警压力（20℃）	MPa	0.52
额定线路充电开断电流	A	31.5	SF_6 最低功能压力（20℃）	MPa	0.50
额定短时耐受电流	kA	40	额定压力下三相断路器中的气体量	kg	16
额定短路持续时间	s	0.3	三相断路器质量	kg	3000
峰值耐受电流（峰值）	kA	100	机械寿命	次	5000
关合短路电流（峰值）	kA	—	爬电距离（对地 / 断口）	mm	3906/4297
检修及调试数据					
数据名称	单位	数据	数据名称	单位	数据
触头开距	mm	—	各相极间合闸不同期	ms	—
行程	mm	120 ± 2	三相相间分闸不同期	ms	≤3
触头超行程	mm	25 ± 3	各相极间分闸不同期	ms	—
工作缸行程	mm	—	金属短接时间（合 – 分时间）	ms	≤60
分闸速度	m/s	$5^{+0.5}_{-0.2}$	重合闸无电流间歇时间	s	≥0.3
合闸速度	m/s	2.5 ± 0.5	合闸电阻提前接入时间	ms	—

续表

检修及调试数据					
数据名称	单位	数据	数据名称	单位	数据
分闸时间	ms	27 ± 3	合闸电阻值	Ω	—
合闸时间	ms	80 ± 10	均压电容器电容值（每个断口）	pF	—
全开断时间	ms	≤50ms	电阻断口的合分时间	ms	—
三相相间合闸不同期	ms	≤5	主回路电阻值	μΩ	≤50
操动机构		CT 口 -3.5 Ⅱ弹簧	电机额定功率	W/ 相	600
分闸线圈电阻值	Ω	88	电机额定转速	r/min	480
分闸线圈匝数	匝	—	电机额定电压	V	DC220
合闸线圈电阻值	Ω	88	操作回路额定电压	V	DC220
合闸线圈匝数	匝	—	弹簧机构储能时间	s	≤15

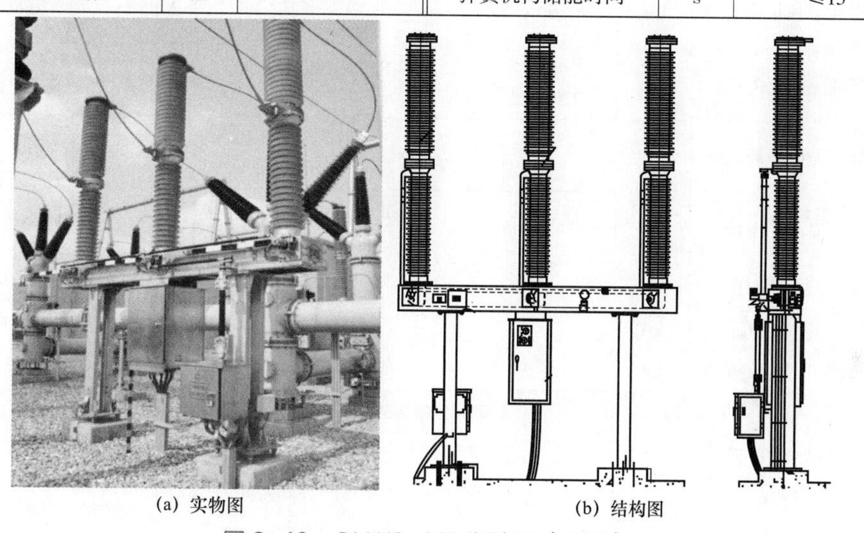
(a) 实物图　　(b) 结构图

图 2-49　GLW2-126 断路器（无源）

2.6　66（35）kV 电压等级断路器

2.6.1　LW9-72.5 断路器

LW9-72.5 断路器铭牌及检修调试数据见表 2-51。LW9-72.5 断路器如图 2-50 所示。

表 2-51　　LW9-72.5 断路器铭牌及检修调试数据（西开）

铭牌及出厂主要技术数据					
数据名称	单位	数据	数据名称	单位	数据
额定电压	kV	72.5	首开级系数		1.5
额定电流	A	3150	额定操作顺序		O–0.3s–CO–180s–CO
额定频率	Hz	50	1min 工频耐受电压（湿试）（对地 / 断口）	kV	160/160+42
额定短路开断电流	kA	31.5	雷电冲击耐受电压 1.2/50μs（对地 / 断口）	kV	350/350+60
短路电流开断次数	次	20	操作冲击耐受电压 250/2500μs（对地 / 断口）	kV	—
额定失步开断电流	kA	L90：28.4	SF_6 气体额定压力（20℃）	MPa	0.6
近区故障开断电流	kA	L90：28.35；L75：23.625	SF_6 补气报警压力（20℃）	MPa	0.45
额定线路充电开断电流	A	由实际线路长度决定	SF_6 最低功能压力（20℃）	MPa	0.4
额定短时耐受电流	kA	31.5	额定压力下三相断路器中的气体量	kg	5
额定短路持续时间	s	4	三相断路器质量	kg	1000
峰值耐受电流（峰值）	kA	80	机械寿命	次	≥5000
关合短路电流（峰值）	kA	80	爬电距离（对地）	mm	2248
检修及调试数据					
数据名称	单位	数据	数据名称	单位	数据
触头开距	mm	123	各相极间合闸不同期	ms	—
行程	mm	146 ~ 152	三相相间分闸不同期	ms	—
触头超行程	mm	27 ± 2	各相极间分闸不同期	ms	≤2
工作缸行程	mm	—	金属短接时间（合 – 分时间）	ms	60
分闸速度	m/s	4.2 ~ 4.8	重合闸无电流间歇时间	ms	280 ~ 300
合闸速度	m/s	1.4 ~ 2.4	合闸电阻提前接入时间	ms	—
分闸时间	ms	≤40	合闸电阻值	Ω	—
合闸时间	ms	≤110	均压电容器电容值（每个断口）	pF	—
全开断时间	ms	≤60	电阻断口的合分时间	ms	—
三相相间合闸不同期	ms	≤4	主回路电阻值	μΩ	≤50
操动机构		弹簧	电机额定功率	W/ 相	450

续表

检修及调试数据					
数据名称	单位	数据	数据名称	单位	数据
分闸线圈电阻值	Ω	92（DC220V） 19（DC110V）	电机额定转速	r/min	480
分闸线圈匝数	匝	—	电机额定电压	V	DC220/AC220
合闸线圈电阻值	Ω	110（DC220V） 33（DC110V）	操作回路额定电压	V	DC220/DC110V
合闸线圈匝数	匝	—	弹簧机构储能时间	s	≤15

(a) 实物图

(b) 结构图（单位：mm）

图 2-50　LW9-72.5 断路器

2.6.2　LW9-72.5C 断路器

LW9-72.5C 断路器铭牌及检修调试数据见表 2-52，LW9-72.5C 断路器如图 2-51 所示。

表 2-52　　　　LW9-72.5C 断路器铭牌及检修调试数据

铭牌及出厂主要技术数据					
数据名称	单位	数据	数据名称	单位	数据
额定电压	kV	72.5	首开级系数		1.5
额定电流	A	3150	额定操作顺序		O-0.3s-CO- 180s-CO
额定频率	Hz	50	1min 工频耐受电压 （对地 / 断口）	kV	160/160+42

续表

铭牌及出厂主要技术数据					
数据名称	单位	数据	数据名称	单位	数据
额定短路开断电流	kA	31.5	雷电冲击耐受电压 1.2/50μs（对地 / 断口）	kV	350/350+60
短路电流开断次数	次	≥20	操作冲击耐受电压 （对地 / 断口）	kV	—
额定失步开断电流	kA	8	SF_6 气体额定压力 （20℃）	MPa	0.5
近区故障开断电流 L90/L75	kA	L90：28.35； L75：23.625	SF_6 补气报警压力 （20℃）	MPa	0.45/0.35
额定线路充电开断电流	A	—	SF_6 最低功能压力 （20℃）	MPa	0.4/0.3
额定短时耐受电流	kA	31.5	额定压力下三相断路器 中的气体量	kg	3×1.7
额定短路持续时间	s	4	三相断路器质量	kg	1200
峰值耐受电流（峰值）	kA	80	机械寿命	次	5000
关合短路电流（峰值）	kA	80	爬电距离（对地 / 断口）	mm	1813/2084 2248/2585
检修及调试数据					
数据名称	单位	数据	数据名称	单位	数据
触头开距	mm	—	各相极间合闸不同期	ms	—
行程	mm	—	三相相间分闸不同期	ms	2
触头超行程	mm	—	各相极间分闸不同期	ms	—
工作缸行程	mm	—	金属短接时间 （合－分时间）	ms	≤60
分闸速度	m/s	4.2～4.8	重合闸无电流间歇时间	s	≥0.3
合闸速度	m/s	1.4～2.1	合闸电阻提前接入时间	ms	—
分闸时间	ms	≤40	合闸电阻值	Ω	—
合闸时间	ms	≤110	均压电容器电容值 （每个断口）	pF	—
全开断时间	ms	≤60	电阻断口的合分时间	ms	—
三相相间合闸不同期	ms	4	主回路电阻值	μΩ	≤50
操动机构		弹簧	电机额定电压	V	AC220/ DC220/DC110
分闸线圈稳态电流	A	2.4（DC220） 5.8（DC110）	操作回路额定电压	V	DC220/DC110
合闸线圈稳态电流	A	2.0（DC220） 3.3（DC110）	弹簧机构储能时间	s	≤15

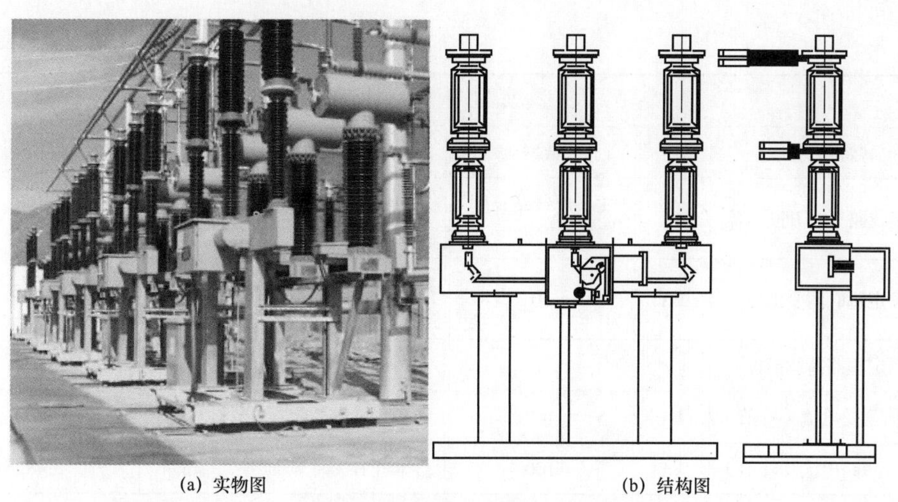

(a) 实物图　　　　　　　　(b) 结构图

图 2-51　LW9-72.5C 断路器

2.6.3　LW24-72.5 罐式断路器

LW24-72.5 罐式断路器铭牌及检修调试数据见表 2-53，LW24-72.5 断路器如图 2-52 所示。

表 2-53　　　　LW24-72.5 罐式断路器铭牌及检修调试数据（西开）

铭牌及出厂主要技术数据					
数据名称	单位	数据	数据名称	单位	数据
额定电压	kV	72.5	首开级系数		1.5
额定电流	A	3150	额定操作顺序		O–0.3s–CO–180s–CO
额定频率	Hz	50	1min 工频耐受电压（湿试）（对地 / 断口）	kV	160/160+42
额定短路开断电流	kA	40	雷电冲击耐受电压 1.2/50μs（对地 / 断口）	kV	350/350+60
短路电流开断次数	次	20	操作冲击耐受电压 250/2500μs（对地 / 断口）	kV	—
额定失步开断电流	kA	L90：36	SF_6 气体额定压力（20℃）	MPa	0.6
近区故障开断电流	kA	L90：36；L75：30	SF_6 补气报警压力（20℃）	MPa	0.45

续表

铭牌及出厂主要技术数据					
数据名称	单位	数据	数据名称	单位	数据
额定线路充电开断电流	A	由实际线路长度决定	SF_6 最低功能压力（20℃）	MPa	0.4
额定短时耐受电流	kA	40	额定压力下三相断路器中的气体量	kg	15
额定短路持续时间	s	4	三相断路器质量	kg	1500
峰值耐受电流（峰值）	kA	100	机械寿命	次	≥5000
关合短路电流（峰值）	kA	100	爬电距离（对地）	mm	2248
检修及调试数据					
数据名称	单位	数据	数据名称	单位	数据
触头开距	mm	93	各相极间合闸不同期	ms	—
行程	mm	116 ~ 122	三相相间分闸不同期	ms	—
触头超行程	mm	27 ± 2	各相极间分闸不同期	ms	≤2
工作缸行程	mm	—	金属短接时间（合－分时间）	ms	60
分闸速度	m/s	4.2 ± 0.4	重合闸无电流间歇时间	ms	280 ~ 300
合闸速度	m/s	2.0 ± 0.4	合闸电阻提前接入时间	ms	—
分闸时间	ms	≤40	合闸电阻值	Ω	—
合闸时间	ms	≤110	均压电容器电容值（每个断口）	pF	—
全开断时间	ms	≤60	电阻断口的合分时间	ms	—
三相相间合闸不同期	ms	≤4	主回路电阻值	μΩ	≤150
操动机构		弹簧	电机额定功率	W/ 相	450
分闸线圈电阻值	Ω	92（DC220）/ 19（DC110）	电机额定转速	r/min	480
分闸线圈匝数	匝	—	电机额定电压	V	DC220/AC220
合闸线圈电阻值	Ω	110（DC220）/ 33（DC110）	操作回路额定电压	V	DC220/DC110V
合闸线圈匝数	匝	—	弹簧机构储能时间	s	≤15

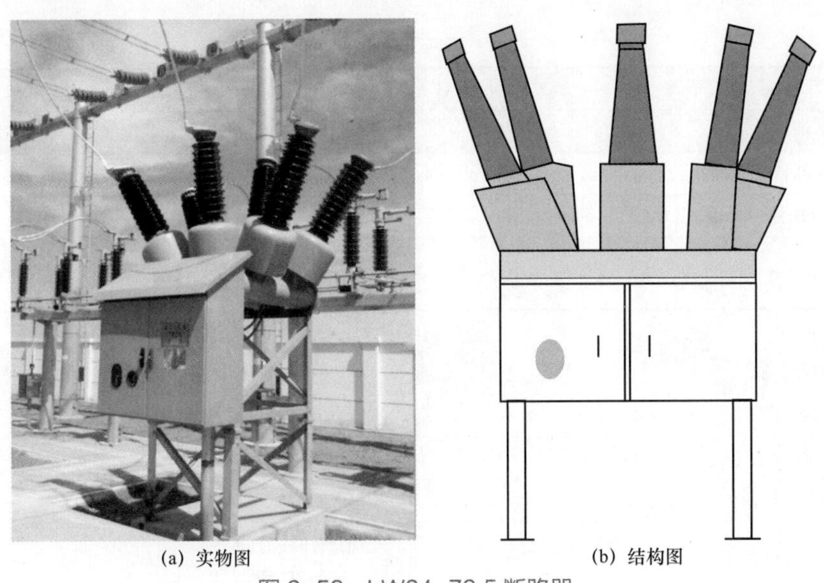

（a）实物图　　（b）结构图

图 2-52　LW24-72.5 断路器

2.6.4　3AP1FG 断路器

3AP1FG 断路器铭牌及检修调试数据见表 2-54，3AP1FG 断路器如图 2-53 所示。

表 2-54　　3AP1FG 断路器铭牌及检修调试数据（SIEMENS）

铭牌及出厂主要技术数据					
数据名称	单位	数据	数据名称	单位	数据
额定电压	kV	72.5	首开级系数		—
额定电流	A	3150	额定操作顺序		O–0.3s–CO–180s–CO
额定频率	Hz	50	1min 工频耐受电压（对地 / 断口）	kV	140/140
额定短路开断电流	kA	40	雷电冲击耐受电压 1.2/50μs（对地 / 断口）	kV	325/325
短路电流开断次数	次	—	操作冲击耐受电压（对地 / 断口）	kV	—
额定失步开断电流	kA	—	SF_6 气体额定压力（20℃）	MPa	0.6
近区故障开断电流 L90/L75	kA	L90：36；L75：30	SF_6 补气报警压力（20℃）	MPa	0.52
额定线路充电开断电流	A	—	SF_6 最低功能压力（20℃）	MPa	0.50
额定短时耐受电流	kA	40	额定压力下三相断路器中的气体量	kg	21.9

续表

铭牌及出厂主要技术数据					
数据名称	单位	数据	数据名称	单位	数据
额定短路持续时间	s	3	三相断路器质量	kg	—
峰值耐受电流（峰值）	kA	100	机械寿命	次	—
关合短路电流（峰值）	kA	100	爬电距离 （对地 / 断口）	mm	2248/3625
检修及调试数据					
数据名称	单位	数据	数据名称	单位	数据
触头开距	mm	—	各相极间合闸不同期	ms	—
行程	mm	—	三相相间分闸不同期	ms	—
触头超行程	mm	—	各相极间分闸不同期	ms	—
工作缸行程	mm	—	金属短接时间 （合－分时间）	ms	30 ± 10
分闸速度	m/s	—	重合闸无电流间歇时间	s	≥0.276
合闸速度	m/s	—	合闸电阻提前接入时间	ms	—
分闸时间	ms	30 ± 4	合闸电阻值	Ω	—
合闸时间	ms	55 ± 8	均压电容器电容值 （每个断口）	pF	—
全开断时间	ms	≤58	电阻断口的合分时间	ms	—
三相相间合闸不同期	ms	—	主回路电阻值	μΩ	—
操动机构		弹簧	电机额定电压	V	—
分闸线圈稳态电流	A	—	操作回路额定电压	V	—
合闸线圈稳态电流	A	—	弹簧机构储能时间	s	—

(a) 实物图

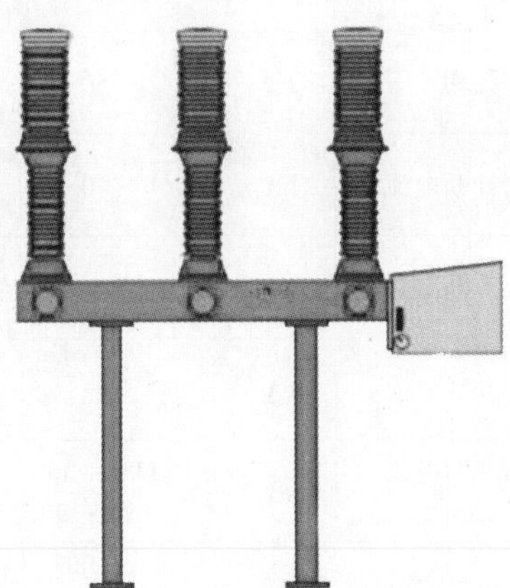

(b) 结构图

图 2-53 3AP1FG 断路器

2.6.5 GL309 断路器

GL309 断路器铭牌及检修调试数据见表 2–55。GL309 断路器如图 2–54 所示。

表 2–55　　GL309 断路器铭牌及检修调试数据（ALSTOM）

铭牌及出厂主要技术数据					
数据名称	单位	数据	数据名称	单位	数据
额定电压	kV	72.5	首开级系数		1.5
额定电流	A	3150	额定操作顺序		—
额定频率	Hz	50	1min 工频耐受电压（湿试）（对地 / 断口）	kV	140/140
额定短路开断电流	kA	40	雷电冲击耐受电压 1.2/50μs（对地 / 断口）	kV	325/325
短路电流开断次数	次	15	操作冲击耐受电压 250/2500μs（对地 / 断口）	kV	—
额定失步开断电流	kA	10	SF_6 气体额定压力（20℃）	MPa	0.64
近区故障开断电流	kA	L90：36kA	SF_6 补气报警压力（20℃）	MPa	0.54
额定线路充电开断电流	A	10	SF_6 最低功能压力（20℃）	MPa	0.51
额定短时耐受电流	kA	40	额定压力下三相断路器中的气体量	kg	5.5
额定短路持续时间	s	3	三相断路器质量	kg	900
峰值耐受电流（峰值）	kA	100	机械寿命	次	10000
关合短路电流（峰值）	kA	100	爬电距离（对地 / 断口）	mm	2248/3625
检修及调试数据					
数据名称	单位	数据	数据名称	单位	数据
触头开距	mm	—	各相极间合闸不同期	ms	—
行程	mm	—	三相相间分闸不同期	ms	≤2.5
触头超行程	mm	—	各相极间分闸不同期	ms	—
工作缸行程	mm	—	金属短接时间（合 – 分时间）	ms	≤60
分闸速度	m/s	—	重合闸无电流间歇时间	s	0.3
合闸速度	m/s	—	合闸电阻提前接入时间	ms	—
分闸时间	ms	≤31	合闸电阻值	Ω	—
合闸时间	ms	≤71	均压电容器电容值（每个断口）	pF	—
全开断时间	ms	50	电阻断口的合分时间	ms	—

续表

检修及调试数据					
数据名称	单位	数据	数据名称	单位	数据
三相相间合闸不同期	ms	≤4	主回路电阻值	μΩ	＜26
操动机构		弹簧	电机额定功率	W/相	—
分闸线圈电阻值	Ω	—	电机额定转速	r/min	—
分闸线圈匝数	匝	—	电机额定电压	V	AC220/DC220
合闸线圈电阻值	Ω	—	操作回路额定电压	V	DC220/DC110
合闸线圈匝数	匝	—	弹簧机构储能时间	s	＜10

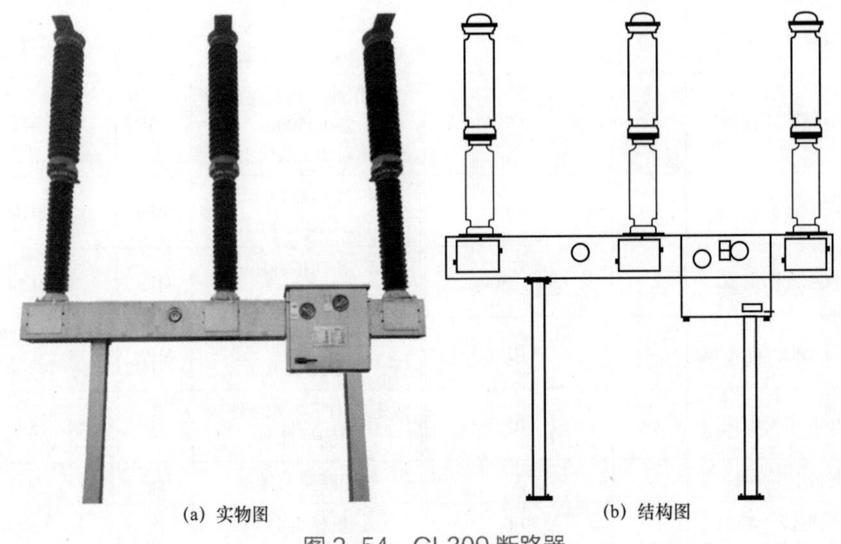
(a) 实物图　(b) 结构图

图 2-54　GL309 断路器

2.6.6　LW35-72.5 断路器

LW35-72.5 断路器铭牌及检修调试数据见表 2-56。LW35-72.5 断路器如图 2-55 所示。

表 2-56　　LW35-72.5 断路器铭牌及检修调试数据（平高）

铭牌及出厂主要技术数据					
数据名称	单位	数据	数据名称	单位	数据
额定电压	kV	72.5	首开级系数		1.5
额定电流	A	3150	额定操作顺序		分-0.3s-合 分-180s-合分

续表

铭牌及出厂主要技术数据					
数据名称	单位	数据	数据名称	单位	数据
额定频率	Hz	50	1min 工频耐受电压（湿试）（对地 / 断口）	kV	160（对地） 160（+42）断口
额定短路开断电流	kA	31.5	雷电冲击耐受电压 1.2/50μs（对地 / 断口）	kV	380（对地） 380（+59）断口
短路电流开断次数	次	20	操作冲击耐受电压 250/2500μs（对地 / 断口）	kV	—
额定失步开断电流	kA	10	SF_6 气体额定压力（20℃）	MPa	0.4 ± 0.015
近区故障开断电流	kA	L90：36kA L75：30kA	SF_6 补气报警压力（20℃）	MPa	0.35 ± 0.015
额定线路充电开断电流	A	10	SF_6 最低功能压力（20℃）	MPa	0.33 ± 0.015
额定短时耐受电流	kA	40	额定压力下三相断路器中的气体量	kg	5.6
额定短路持续时间	s	4	三相断路器质量	kg	1200
峰值耐受电流（峰值）	kA	100	机械寿命	次	10000
关合短路电流（峰值）	kA	100	爬电距离（对地 / 断口）	mm	2248
检修及调试数据					
数据名称	单位	数据	数据名称	单位	数据
触头开距	mm	—	各相极间合闸不同期	ms	—
行程	mm	150 ± 4	三相相间分闸不同期	ms	≤3
触头超行程	mm	25^{+3}_{-2}	各相极间分闸不同期	ms	—
工作缸行程	mm	—	金属短接时间（合 – 分时间）	ms	≤60
分闸速度	m/s	$3.9^{+0.7}_{-0.3}$	重合闸无电流间歇时间	s	0.3
合闸速度	m/s	$2.7^{+0.4}_{-0.3}$	合闸电阻提前接入时间	ms	—
分闸时间	ms	27 ± 3	合闸电阻值	Ω	—
合闸时间	ms	≤100	均压电容器电容值（每个断口）	pF	—
全开断时间	ms	60	电阻断口的合分时间	ms	—
三相相间合闸不同期	ms	≤5	主回路电阻值	μΩ	≤40
操动机构		CT □ –2.6 型弹簧	电机额定功率	W/ 相	600/750
分闸线圈电阻值	Ω	88（DC220）/ 22（DC110）	电机额定转速	r/min	480

续表

检修及调试数据					
数据名称	单位	数据	数据名称	单位	数据
分闸线圈匝数	匝	—	电机额定电压	V	DC220/AC220，DC110
合闸线圈电阻值	Ω	110（DC220）/25.58（DC110）	操作回路额定电压	V	DC220/DC110
合闸线圈匝数	匝	—	弹簧机构储能时间	s	≤15

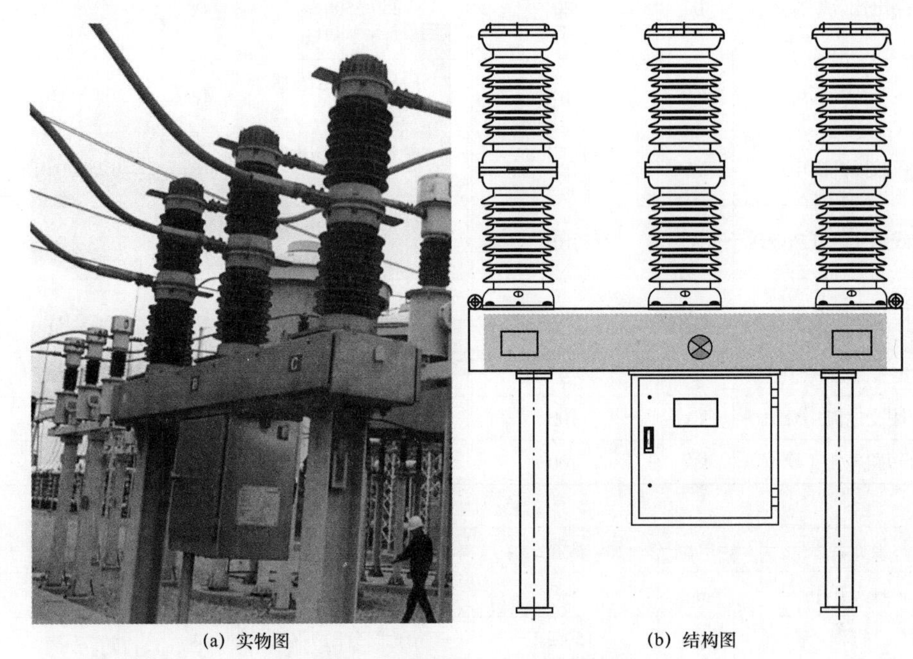
(a) 实物图　　(b) 结构图

图 2-55　LW35-72.5 断路器

2.6.7　LW24-40.5 罐式断路器

LW24-40.5 罐式断路器铭牌及检修调试数据见表 2-57，LW24-40.5 罐式断路器如图 2-56 所示。

表 2-57　　LW24-40.5 罐式断路器铭牌及检修调试数据（西开）

铭牌及出厂主要技术数据					
数据名称	单位	数据	数据名称	单位	数据
额定电压	kV	40.5	首开级系数		1.5
额定电流	A	3150	额定操作顺序		O-0.3s-CO-180s-CO

续表

铭牌及出厂主要技术数据					
数据名称	单位	数据	数据名称	单位	数据
额定频率	Hz	50	1min 工频耐受电压（湿试）（对地 / 断口）	kV	95/95+23.4
额定短路开断电流	kA	40	雷电冲击耐受电压 1.2/50μs（对地 / 断口）	kV	185/185+33
短路电流开断次数	次	20	操作冲击耐受电压 250/2500μs（对地 / 断口）	kV	—
额定失步开断电流	kA	L90：36	SF_6 气体额定压力（20℃）	MPa	0.6
近区故障开断电流	kA	L90：36kA L75：30kA	SF_6 补气报警压力（20℃）	MPa	0.45
额定线路充电开断电流	A	由实际线路长度决定	SF_6 最低功能压力（20℃）	MPa	0.4
额定短时耐受电流	kA	40	额定压力下三相断路器中的气体量	kg	15
额定短路持续时间	s	4	三相断路器质量	kg	1500
峰值耐受电流（峰值）	kA	100	机械寿命	次	≥5000
关合短路电流（峰值）	kA	100	爬电距离（对地）	mm	1255
检修及调试数据					
数据名称	单位	数据	数据名称	单位	数据
触头开距	mm	93	各相极间合闸不同期	ms	—
行程	mm	116 ~ 122	三相相间分闸不同期	ms	≤2
触头超行程	mm	27 ± 2	各相极间分闸不同期	ms	—
工作缸行程	mm	—	金属短接时间（合 – 分时间）	ms	60
分闸速度	m/s	4.2 ± 0.4	重合闸无电流间歇时间	ms	280 ~ 300
合闸速度	m/s	2.0 ± 0.4	合闸电阻提前接入时间	ms	—
分闸时间	ms	≤40	合闸电阻电阻值	Ω	—
合闸时间	ms	≤110	均压电容器电容值（每个断口）	pF	—
全开断时间	ms	≤60	电阻断口的合分时间	ms	—
三相相间合闸不同期	ms	≤4	主回路电阻值	μΩ	≤150
操动机构		弹簧	电机额定功率	W/ 相	450
分闸线圈电阻值	Ω	92（DC220V） 19（DC220V）	电机额定转速	r/min	480

续表

检修及调试数据					
数据名称	单位	数据	数据名称	单位	数据
分闸线圈匝数	匝	—	电机额定电压	V	DC220/AC220
合闸线圈电阻值	Ω	110（DC220V） 33（DC110V）	操作回路额定电压	V	DC220
合闸线圈匝数	匝	—	弹簧机构储能时间	s	≤15

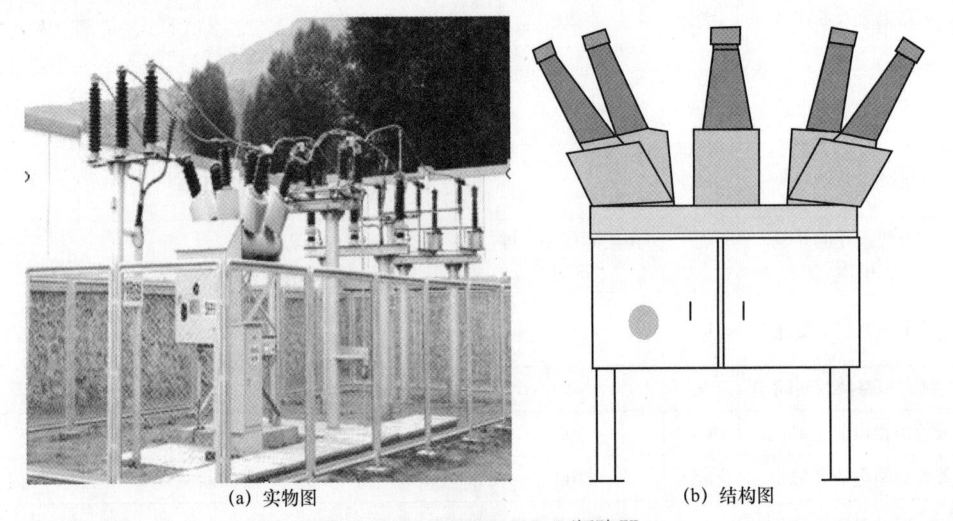
(a) 实物图 (b) 结构图

图 2-56　LW24-40.5 断路器

2.6.8　LW9-40.5 断路器

LW9-40.5 断路器铭牌及检修调试数据见表 2-58。LW9-40.5 断路器如图 2-57 所示。

表 2-58　　LW9-40.5 断路器铭牌及检修调试数据（西开）

铭牌及出厂主要技术数据					
数据名称	单位	数据	数据名称	单位	数据
额定电压	kV	40.5	首开级系数		1.5
额定电流	A	3150	额定操作顺序		O–0.3s–CO– 180s–CO
额定频率	Hz	50	1min 工频耐受电压 （湿试）（对地 / 断口）	kV	95/95+23.4
额定短路开断电流	kA	31.5	雷电冲击耐受电压 1.2/50μs（对地 / 断口）	kV	185/185+33

续表

铭牌及出厂主要技术数据					
数据名称	单位	数据	数据名称	单位	数据
短路电流开断次数	次	20	操作冲击耐受电压 250/2500μs（对地 / 断口）	kV	—
额定失步开断电流	kA	L90：28.4	SF_6 气体额定压力（20℃）	MPa	0.6
近区故障开断电流	kA	L90：28.35; L75：23.625	SF_6 补气报警压力（20℃）	MPa	0.45
额定线路充电开断电流	A	由实际线路长度决定	SF_6 最低功能压力（20℃）	MPa	0.4
额定短时耐受电流	kA	31.5	额定压力下三相断路器中的气体量	kg	5.1
额定短路持续时间	s	4	三相断路器质量	kg	1000
峰值耐受电流（峰值）	kA	80	机械寿命	次	≥5000
关合短路电流（峰值）	kA	80	爬电距离（对地 / 断口）	mm	1255/1255
检修及调试数据					
数据名称	单位	数据	数据名称	单位	数据
触头开距	mm	123	各相极间合闸不同期	ms	—
行程	mm	146 ~ 152	三相相间分闸不同期	ms	≤2
触头超行程	mm	27 ± 2	各相极间分闸不同期	ms	—
工作缸行程	mm	—	金属短接时间（合 – 分时间）	ms	60
分闸速度	m/s	4.2 ~ 5.0	重合闸无电流间歇时间	ms	280 ~ 300
合闸速度	m/s	1.4 ~ 2.4	合闸电阻提前接入时间	ms	—
分闸时间	ms	≤40	合闸电阻值	Ω	—
合闸时间	ms	≤110	均压电容器电容值（每个断口）	pF	—
全开断时间	ms	≤60	电阻断口的合分时间	ms	—
三相相间合闸不同期	ms	≤4	主回路电阻值	μΩ	≤50
操动机构		弹簧	电机额定功率	W/ 相	450
分闸线圈电阻值	Ω	92（DC220V）/ 19（DC220V）	电机额定转速	r/min	480
分闸线圈匝数	匝	—	电机额定电压	V	DC220/AC220
合闸线圈电阻值	Ω	110（DC220V）/ 33（DC220V）	操作回路额定电压	V	DC220
合闸线圈匝数	匝	—	弹簧机构储能时间	s	≤15

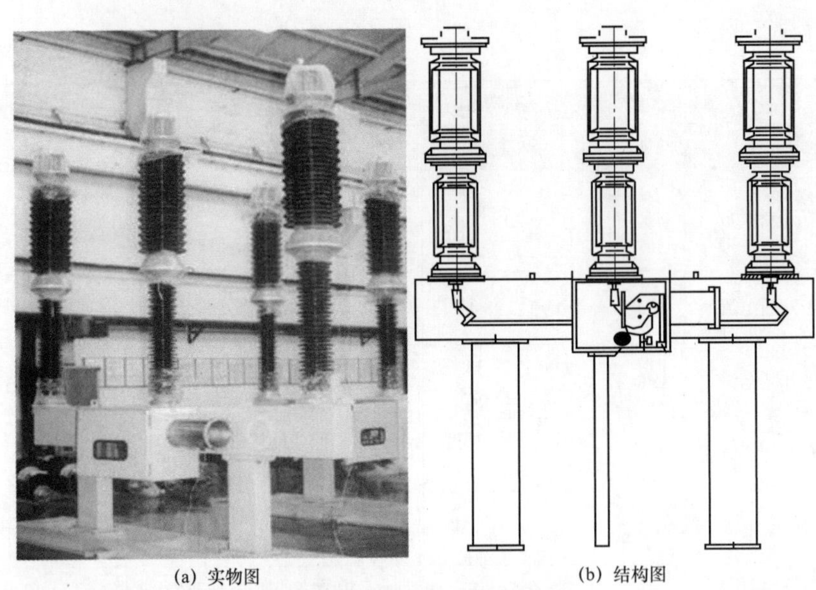
(a) 实物图　　(b) 结构图

图 2-57　LW9-40.5 断路器

2.6.9　LW36-40.5 断路器

LW36-40.5 断路器铭牌及检修调试数据见表 2-59。LW36-40.5 断路器如图 2-58 所示。

表 2-59　　LW36-40.5 断路器铭牌及检修调试数据（如高）

铭牌及出厂主要技术数据					
数据名称	单位	数据	数据名称	单位	数据
额定电压	kV	40.5	首开级系数		1.5
额定电流	A	2000/2500	额定操作顺序		O-0.3s-CO-180s-CO
额定频率	Hz	50	1min 工频耐受电压（湿试）（对地 / 断口）	kV	95
					118
额定短路开断电流	kA	31.5	雷电冲击耐受电压 1.2/50μs（对地 / 断口）	kV	185
					215
短路电流开断次数	次	20	操作冲击耐受电压 250/2500μs（对地 / 断口）	kV	—
额定失步开断电流	kA	8	SF_6 气体额定压力（20℃）	MPa	0.45（无 TA） 0.5（内附 TA）

续表

铭牌及出厂主要技术数据					
数据名称	单位	数据	数据名称	单位	数据
近区故障开断电流	kA	L90：28.35； L75：23.625	SF_6 补气报警压力（20℃）	MPa	0.40（无 TA） 0.47（内附 TA）
额定线路充电开断电流	A	50	SF_6 最低功能压力（20℃）	MPa	0.35（无 TA） 0.45（内附 TA）
额定短时耐受电流	kA	31.5	额定压力下三相断路器中的气体量	kg	5（无 TA） 8（内附 TA）
额定短路持续时间	s	4	三相断路器质量	kg	800（无 TA） 1000（内附 TA）
峰值耐受电流（峰值）	kA	80	机械寿命	次	10000
关合短路电流（峰值）	kA	80	爬电距离（对地 / 断口）	mm	1255

检修及调试数据					
数据名称	单位	数据	数据名称	单位	数据
触头开距	mm	50	各相极间合闸不同期	ms	—
行程	mm	77 ~ 80	三相相间分闸不同期	ms	≤2
触头超行程	mm	25 ~ 28	各相极间分闸不同期	ms	—
工作缸行程	mm	—	金属短接时间（合 – 分时间）	ms	≤80（运行≥80）
分闸速度	m/s	2.7 ± 0.2	重合闸无电流间歇时间	s	—
合闸速度	m/s	2.3 ± 0.2	合闸电阻提前接入时间	ms	—
分闸时间	ms	≤50	合闸电阻电阻值	Ω	—
合闸时间	ms	≤80	均压电容器电容值（每个断口）	pF	—
全开断时间	ms	≤50	电阻断口的合分时间	ms	—
三相相间合闸不同期	ms	≤3	主回路电阻值	μΩ	≤40（无 TA） ≤60（内附 TA）
操动机构		SRCT36A 弹簧	电机额定功率	W/ 相	500
分闸线圈电阻值	Ω	110（DC220）/ 29（DC110）	电机额定转速	r/min	100
分闸线圈匝数	匝	4500	电机额定电压	V	AC/DC110 AC/DC220
合闸线圈电阻值	Ω	110（DC220）/ 29（DC110）	操作回路额定电压	V	AC/DC110 AC/DC220
合闸线圈匝数	匝	2100	弹簧机构储能时间	s	≤20

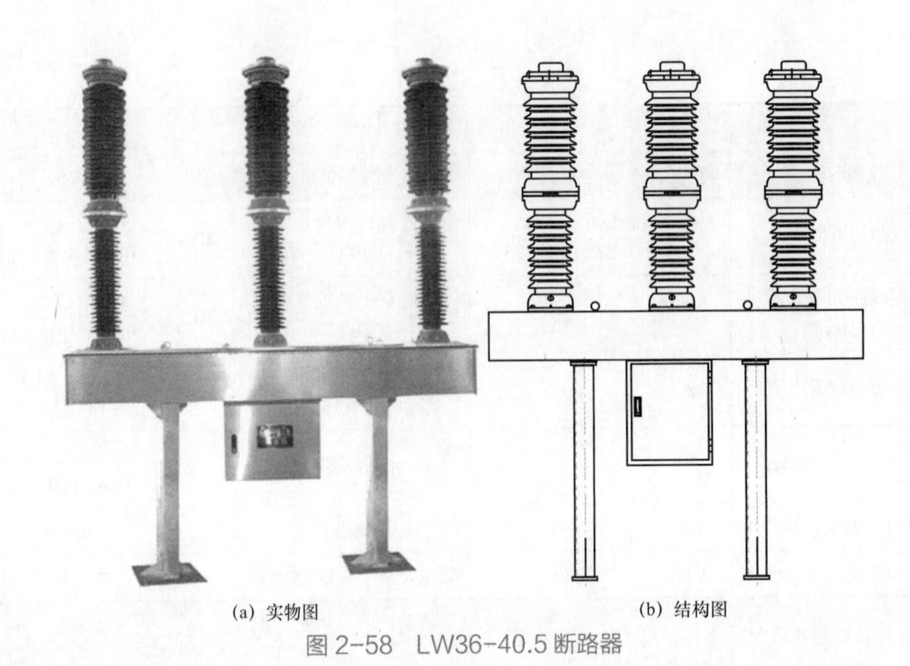

(a) 实物图　　(b) 结构图

图 2-58　LW36-40.5 断路器

2.6.10　ZW39-40.5 断路器

ZW39-40.5 断路器铭牌及检修调试数据见表 2-60。ZW39-40.5 断路器如图 2-59 所示。

表 2-60　　ZW39-40.5 断路器铭牌及检修调试数据（如高）

<table>
<tr><th colspan="6">铭牌及出厂主要技术数据</th></tr>
<tr><th>数据名称</th><th>单位</th><th>数据</th><th>数据名称</th><th>单位</th><th>数据</th></tr>
<tr><td>额定电压</td><td>kV</td><td>40.5</td><td>首开级系数</td><td></td><td>1.5</td></tr>
<tr><td>额定电流</td><td>A</td><td>2000/2500</td><td>额定操作顺序</td><td></td><td>O–0.3s–CO–180s–CO</td></tr>
<tr><td rowspan="2">额定频率</td><td rowspan="2">Hz</td><td rowspan="2">50</td><td rowspan="2">1min 工频耐受电压（湿试）（对地 / 断口）</td><td rowspan="2">kV</td><td>95</td></tr>
<tr><td>118</td></tr>
<tr><td rowspan="2">额定短路开断电流</td><td rowspan="2">kA</td><td rowspan="2">31.5</td><td rowspan="2">雷电冲击耐受电压 1.2/50μs（对地 / 断口）</td><td rowspan="2">kV</td><td>185</td></tr>
<tr><td>215</td></tr>
<tr><td>短路电流开断次数</td><td>次</td><td>20</td><td>操作冲击耐受电压 250/2500μs（对地 / 断口）</td><td>kV</td><td>—</td></tr>
<tr><td>额定失步开断电流</td><td>kA</td><td>8</td><td>SF_6 气体额定压力（20℃）</td><td>MPa</td><td>0.02 ~ 0.05（无 TA）
0.20 ~ 0.30（内附 TA）</td></tr>
<tr><td>近区故障开断电流</td><td>kA</td><td>L90：28.35;
L75：23.625</td><td>SF_6 补气报警压力（20℃）</td><td>MPa</td><td>0.15（内附 TA）</td></tr>
</table>

续表

铭牌及出厂主要技术数据					
数据名称	单位	数据	数据名称	单位	数据
额定线路充电开断电流	A	50	SF_6 最低功能压力（20℃）	MPa	—
额定短时耐受电流	kA	31.5	额定压力下三相断路器中的气体量	kg	0.3（无 TA） 3（内附 TA）
额定短路持续时间	s	4	三相断路器质量	kg	850（无 TA） 1000（内附 TA）
峰值耐受电流（峰值）	kA	80	机械寿命	次	10000
关合短路电流（峰值）	kA	80	爬电距离（对地）	mm	1255
检修及调试数据					
数据名称	单位	数据	数据名称	单位	数据
触头开距	mm	23	各相极间合闸不同期	ms	—
行程	mm	29.5 ~ 31	三相相间分闸不同期	ms	≤2
触头超行程	mm	6.5 ~ 7	各相极间分闸不同期	ms	—
工作缸行程	mm	—	金属短接时间（合 – 分时间）	ms	≤100（运行≥100）
分闸速度	m/s	2.0 ± 0.3	重合闸无电流间歇时间	s	—
合闸速度	m/s	0.8 ± 0.2	合闸电阻提前接入时间	ms	—
分闸时间	ms	≤50	合闸电阻值	Ω	—
合闸时间	ms	≤120	均压电容器电容值（每个断口）	pF	—
全开断时间	ms	≤70	电阻断口的合分时间	ms	—
三相相间合闸不同期	ms	≤2	主回路电阻值	μΩ	≤50（无 TA） ≤70（内附 TA）
操动机构		CT10A 弹簧	电机额定功率	W/ 相	600
分闸线圈电阻值	Ω	137（DC220）/ 28（DC110）	电机额定转速	r/min	530
分闸线圈匝数	匝	2000（DC220）/ 1000（DC110）	电机额定电压	V	AC/DC110 AC/DC 220
合闸线圈电阻值	Ω	120（DC220）/ 28（DC110）	操作回路额定电压	V	AC/DC110 AC/DC 220
合闸线圈匝数	匝	5600（DC220）/ 2900（DC110）	弹簧机构储能时间	s	≤20

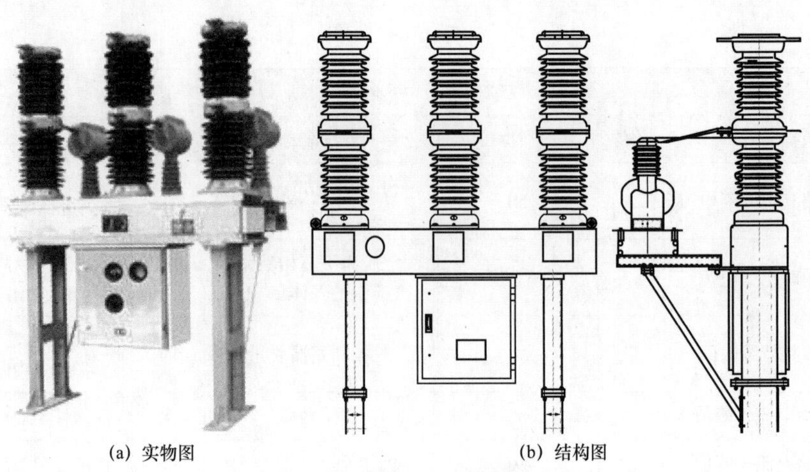

(a) 实物图　　　　(b) 结构图

图 2-59　ZW39-40.5 断路器

2.6.11　LW□-40.5 罐式断路器（分相）

LW□-40.5 罐式断路器铭牌及检修调试数据见表 2-61。LW□-40.5 罐式断路器（分相）如图 2-60 所示。

表 2-61　　LW□-40.5 罐式断路器铭牌及检修调试数据（如高）

铭牌及出厂主要技术数据					
数据名称	单位	数据	数据名称	单位	数据
额定电压	kV	40.5	首开极系数		1.5
额定电流	A	2500	额定操作顺序		O–0.3s–CO–180s–CO
额定频率	Hz	50	1min 工频耐受电压（湿试）（对地 / 断口）	kV	95
					118
额定短路开断电流	kA	31.5	雷电冲击耐受电压 1.2/50μs（对地 / 断口）	kV	185/215
短路电流开断次数	次	20	操作冲击耐受电压 250/2500μs（对地 / 断口）	kV	—
额定失步开断电流	kA	25%I_{sc}	SF_6 气体额定压力（20℃）	MPa	0.60
近区故障开断电流	kA	L90：28.35；L75：23.625	SF_6 补气报警压力（20℃）	MPa	0.47
额定线路充电开断电流	A	50	SF_6 最低功能压力（20℃）	MPa	0.45
额定短时耐受电流	kA	31.5	额定压力下三相断路器中的气体量	kg	20

续表

铭牌及出厂主要技术数据					
数据名称	单位	数据	数据名称	单位	数据
额定短路持续时间	s	4	三相断路器质量	kg	1200
峰值耐受电流（峰值）	kA	80	机械寿命	次	10000
关合短路电流（峰值）	kA	80	爬电距离（对地）	mm	1256
检修及调试数据					
数据名称	单位	数据	数据名称	单位	数据
触头开距	mm	55	各相极间合闸不同期	ms	—
行程	mm	80	三相相间分闸不同期	ms	≤2
触头超行程	mm	25	各相极间分闸不同期	ms	—
工作缸行程	mm	—	金属短接时间（合 – 分时间）	ms	≤80
分闸速度	m/s	3.0 ± 0.3	重合闸无电流间歇时间	s	0.3
合闸速度	m/s	2.3 ± 0.3	合闸电阻提前接入时间	ms	—
分闸时间	ms	32 ~ 50	合闸电阻电阻值	Ω	—
合闸时间	ms	≤80	均压电容器电容值（每个断口）	pF	—
全开断时间	ms	≤60	电阻断口的合分时间	ms	—
三相相间合闸不同期	ms	≤3	主回路电阻值	μΩ	≤40
操动机构		弹簧	电机额定功率	W/ 相	500（三相）
分闸线圈电阻值	Ω	138	电机额定转速	r/min	1000
分闸线圈匝数	匝	—	电机额定电压	V	AC/DC220
合闸线圈电阻值	Ω	157	操作回路额定电压	V	DC220
合闸线圈匝数	匝	—	弹簧机构储能时间	s	＜ 20

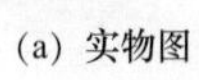
(a) 实物图

(b) 结构图

图 2-60　LW□ -40.5 罐式断路器（分相）

PART 3

第3章 断路器检修仪器仪表

3.1 回路电阻测试仪

3.1.1 仪器介绍

回路电阻测试仪是测量开关设备（断路器、隔离开关）触头、导线压接处、母线上接触部件、接线板和其他流经大电流接点的导电回路电阻的通用测量仪器。以下以某生产厂家的 JY–200 型回路电阻测试仪为例进行介绍。

JY–200 型回路电阻测试仪面板如图 3–1 所示。

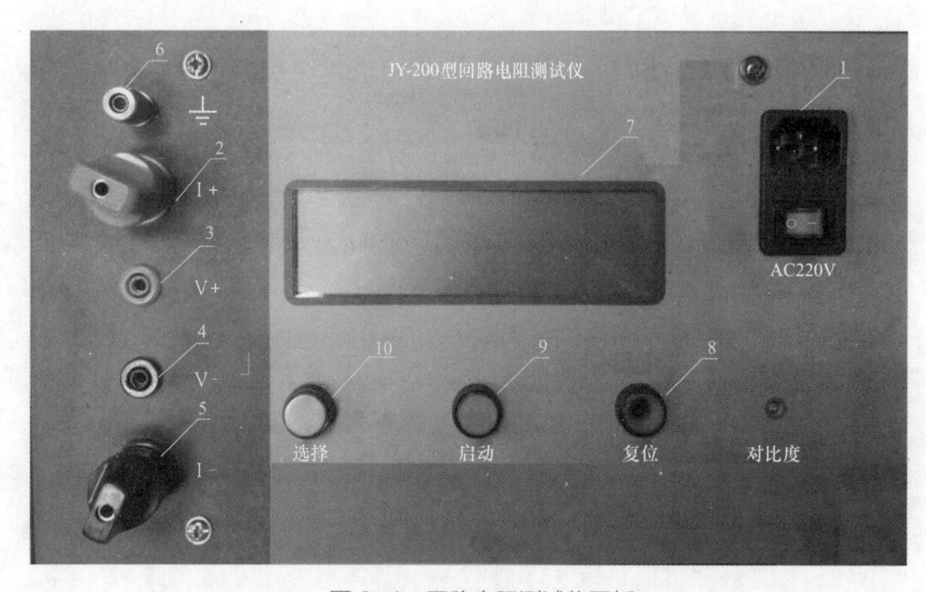

图 3–1 回路电阻测试仪面板

1—AC220V 电源插座及开关带保险（8A）；2—电流输出接线端 I+；3—电压输入接线端子 U+；4—电压输入接线端子 U–；5—电流输出接线端子 I–；6—接地柱；7—液晶屏；8—复位按钮；9—启动按钮；10—选择键

3.1.2 使用规定

（1）使用方法如下：

1）确认被测物已断电，且与带电部位隔离良好，满足安全规程要求，被测点处于闭合（接触）状态。

2）检查仪器处于断电状态，按照面板上功能标记将交流工作电源线、输出电流线（10m 长，30mm^2 多股铜芯导线）、测量电压线分别接好（包括地线）。注意电压测量接线夹 U+ 与 U– 必须接于电流输出接线夹 I+ 与 I– 的内侧，U+ 与 I+、U– 与 I– 相距在 1cm 左右，两者极性不能接错。回路电阻测试仪接线示意图如图 3–2 所示。

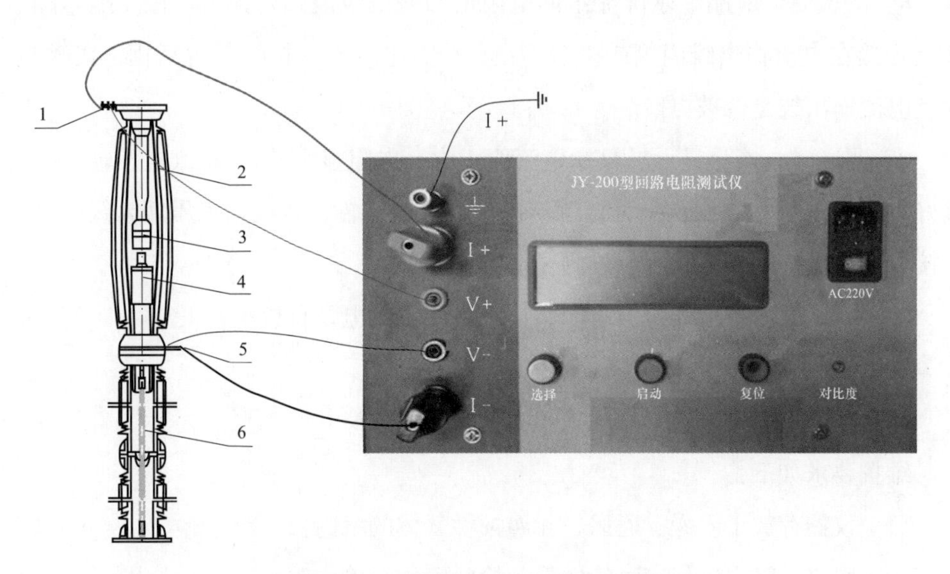

图 3–2 回路电阻测试仪接线示意图

1—上接线板；2—灭弧室瓷套 ；3—静触头；4—动触头；5—下接线板；6—绝缘杆

3）打开电源开关，液晶显示屏显示 12 个“8”，一秒后消失，此时测试仪进入自检，等待显示“200.0 2000.0”时，则表明自检正常，可以开始测试。

4）确认测试线与被测物接触良好，先用选择按钮选择测试电流，再按启动键，测试开始，测试结束自动显示输出电流值和被测电阻值。读取数值后，按复位按钮，显示界面回到初始状态。

（2）注意事项如下：

1）测量前，先接好所有测量线，方可开机，测试过程中不能断开测量线。

2）不能用于测试带电导体和有感元器件的回路电阻值。

3）测试带电容的开关及容性设备时，被测设备必须充分放电后方可接线，以确保安全，测试结束后对被测设备充分放电。

4）测试电流线不可随意更改，如更改，必须保证导线电阻值与原配线相等。

5）测试夹子不宜任意更改，若需换夹子时，容量必须符合要求。

6）开机后无反应，液晶显示屏无显示。检查有无交流电源，检查电源电缆，检查保险管座内熔丝是否烧断。

7）测试时，液晶显示屏显示“0”检查电流输出线是否接好，是否接触不良或被测件接头是否被氧化，检查电流输出线与电压输入线极性是否接反。

8）测试时，液晶显示屏显示的电阻值与被测阻值相差很大。检查电压测试接线是否接在电流输出线内侧或接触不良，检查电压输入接线是否氧化，接触不良，检查电流输出线是否被更换。

9）测试时，液晶显示屏显示电流值正常，电阻显示“1”检查电压输入线是否接好、接头是否氧化以及是否接触不良；检查电流输出接线与电压输入线的极性是否接反；检查被测电阻是否超过测量范围。

10）测试时，若打印机不打印，检查打印机供电及自检是否正常。

3.1.3 维护要求

维护要求如下：

（1）仪器存放于干燥、通风、无腐蚀性气体的室内。

（2）回路电阻测试仪应每年送具备检验资质的单位或部门（如省电科院）检验，合格方可使用。

3.2 六氟化硫检漏仪

3.2.1 仪器介绍

六氟化硫检漏仪用于 SF_6 断路器、组合电器（GIS）及以 SF_6 气体为绝缘介质的电力设备的泄漏点的查找和 SF_6 泄漏量检测。六氟化硫检漏仪分为定性检漏仪和定量检漏仪两种。本节以某厂生产的 LD200 型的 SF_6 气体定性检测仪为例介绍使用及维护方法。

LD200 型 SF_6 气体定性检测仪如图 3-3 所示，该六氟化硫气体定性检测仪采用数字信号处理技术的 MPC 电路，微处理器监测传感头的灵敏度达到 4000 次 / 秒，能补偿最微小的脉冲信号。应用三色 LED 可视泄漏强度指示器，可以相对准确地诊断出设备的泄漏程度。仪器有 7 种级别灵敏度，可使从 1 到 7 挡灵敏度增加 64 倍。

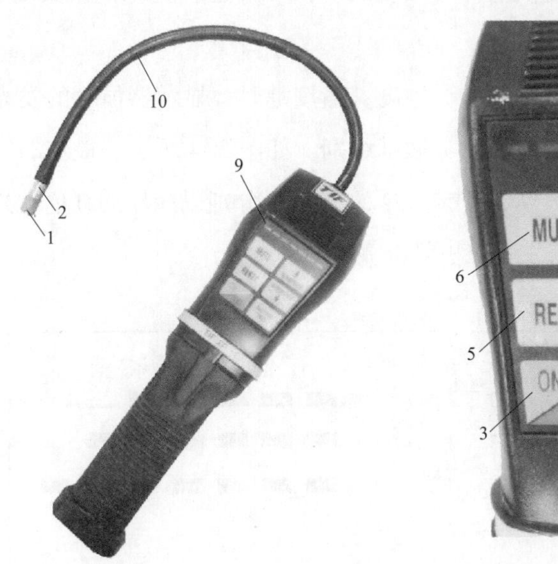

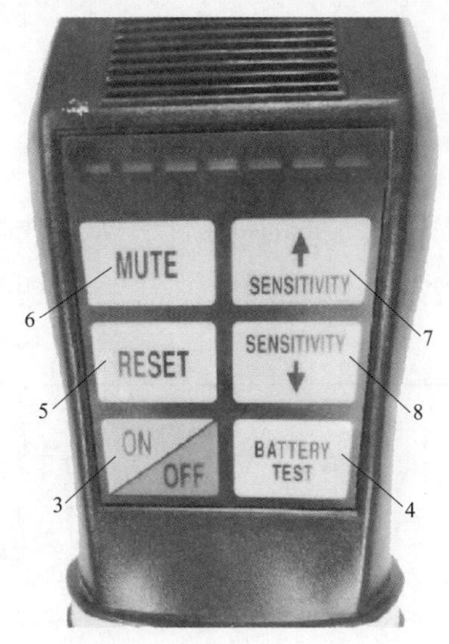

图 3-3　LD200 型六氟化硫检漏仪图

1—传感器；2—传感器头保护套；3—电源接通/断开；4—电池测试；5—复位按钮；6—声音抑制；7—灵敏度增；8—灵敏度降；9—发光二极管（LED）泄漏指示器；10—可弯曲探头

3.2.2　使用规定

（1）功能如下：

1）自动化电路 / 复位。LD2000 具有自动化电路及复位功能键，可使装置忽略周围 SF_6 的浓度。

a. 自动化电路。一旦电源接通，装置就自动记录位于传感头的 SF_6 浓度，并以此浓度为基准，当检测部位 SF_6 浓度大于开机时传感头中 SF_6 浓度，将引发警报。若先断开装置，然后将传感头放到一个已知泄漏处并接通装置，仪器将无泄漏指示。

b. 复位。工作期间按复位键可实现上述相同功能。当按复位键时，它使电路按程序工作而记录传感头的 SF_6 浓度，并以此浓度为检测基准值，让使用者能“自动寻找”泄漏源（较高的浓度）。同样地，可以把装置移到新鲜空气处并复位以得到最大的灵敏度。在无 SF_6（新鲜空气）的情况下，复位装置可查到任何高于零位的泄漏。一旦把装置复位，各发光二极管（除了最左的电功率指示器）将变为橙色 1s，为复位动作提供一个目视的确认。

2）灵敏度调整。LD2000 提供七种灵敏度级别，当接通装置时，默认设定在 5 级灵敏度。

按压灵敏度↑或灵敏度↓键可调整灵敏度，当按键时，显示器显示的发光二极管为红色，发亮的发光二极管数目表示灵敏度级别。如图 3–4 所示。最左的发光二极管表示 1 级（最低的灵敏度）。从左数起，2 级到 7 级分别以相应的红色发光二极管数目来表示，如 7 级以上所有发光二极管都亮。

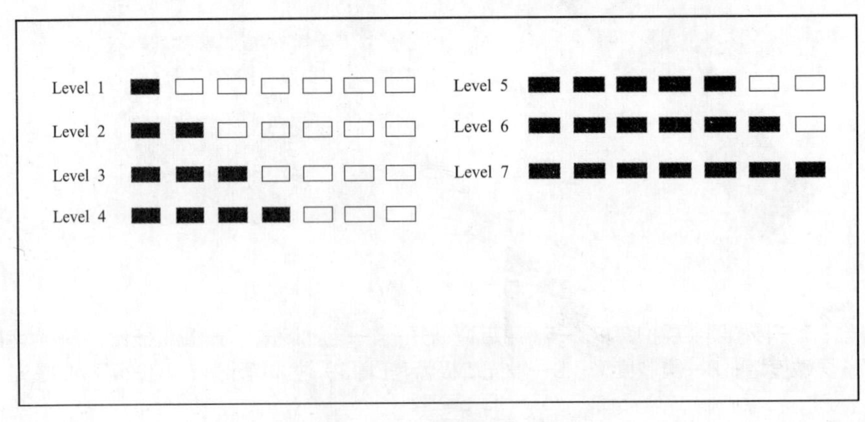

图 3–4　灵敏度调整画面

按灵敏度↑或灵敏度↓键时，将改变灵敏度。这两个键若间断按压，则一次改变一级，或者保持按压，则迅速地通过几级级别。每一次增高或减低级别，相应的灵敏度就加倍或减半。2 级是 1 级灵敏度的两倍，3 级是 1 级灵敏度的四倍，以此类推，灵敏度最多可增加到 64 倍。

3）警报指示。LD2000 具有 18 种警报级别，能清楚地指示相对的泄漏大小及强度。可以用渐进的指示器在一个泄漏处自动寻找，因为警报级别的增加表示正在接近某一泄漏源（最高浓度）。由逐一增加绿、橙或红三色的发光二极管来表示每个级别。

首先显示器将显示绿色灯亮，从左到右。然后发光二极管将显示橙色灯亮，从左到右，一次取代一个绿色灯。最后发光二极管将显示红色灯亮，从左到右，一次取代一个橙色灯。

（2）使用方法如下：

1）按 ON / OFF 键接通装置。显示器将用复位指示（左面发光二极管成绿色，所有其他的成橙色）将持续发亮 2s。

2）观察固定电功率指示器检验电池的水平。

3）接通时，装置设定在灵敏度 5 级，听到一种快速而稳定的“嘟嘟”声。如有需要，可按灵敏度↑或灵敏度↓键来调整灵敏度。

4）开始寻找泄漏点。当检测到 SF_6 时，声调将变成警笛式声音，明显不同于低音的“嘟嘟”声。另外，可视指示器将按顺序地发亮。

5）使用时，随时可用灵敏度↑或灵敏度↓键来调整灵敏度。此项调整将不中断泄漏量检测。

6）在准确定位泄漏点前，如发生泄漏的警报，可按复位键，使电路复位到零基准。

（3）注意事项如下：

1）当不能找到泄漏点时，将灵敏度向上调整。当无法通过复位装置“自动寻找”泄漏点时，将灵敏度向下调整。

2）在被气体严重污染的区域，可将装置复位，以记录四周气体的浓度为基准值。装置复位时，不要移动探头。

3）在大风处即使存在较严重泄漏也难以查找。如遇此情况，应将可能泄漏的部位遮蔽起来。

4）检漏仪传感头接触到水分或溶剂，将引发报警，检漏时要防止接触上述物品。

5）更换传感头前必须断开装置电源，否则可能引起轻度电击。

6）禁止传感头接触汽油、松节油、矿质油漆等，其残留物会降低装置的灵敏度。

3.2.3 维护要求

六氟化硫检漏仪的维护工作主要是保持传感头清洁、传感头更换、存放与检验等。

（1）保持传感头清洁。传感器头保护套可防止灰尘、水分及油脂的聚集，禁止使用未装保护套的装置。在使用装置前，应检查传感头及保护套是否有污物或油脂，清洗的方法如下：

1）取下传感头及保护套；

2）用毛巾或压缩空气清洗保护套；

3）将传感头浸在温和的溶剂（如酒精）中几秒钟，然后用压缩空气或毛巾清洗。

（2）传感头更换。传感头的寿命与使用的条件及频率有关，因此很难确切预判何时传感头将损坏需要更换。当在清洁纯净的空气环境中出现报警信号或有其他反常现象，可判断为需更换传感头。更换时，先确保装置断电，逆时针方向旋转螺栓取下传感头，将厂家所提供的备用传感头顺时针方向旋上螺栓来换上新的传感头。

（3）存放与检验。六氟化硫检漏仪存放时应将电池取出，并将电池用干燥塑料袋包裹，与检漏仪一同存放于阴凉干燥处。

六氟化硫检漏仪应每年送具备检验资质的单位或部门（如各地市公司试验中心）检验合格方可使用，检验标准参见JJF 1263—2010《六氟化硫检测报警仪校准规范》。

3.3 微水测试仪

3.3.1 仪器介绍

SF_6断路器、组合电器等设备中SF_6气体水分含量对电气设备的绝缘性能、灭弧性能都有很大的影响，必须对这类设备的SF_6含水量进行监测和控制。

测量SF_6气体含水量常用的方法有电解法和露点法两种，目前，使用较多的是露点法，以下以DP99-III型数字智能露点仪为例进行介绍。

（1）微水测试仪面板。DP99-III型数字智能露点仪前面板如图3-5所示。

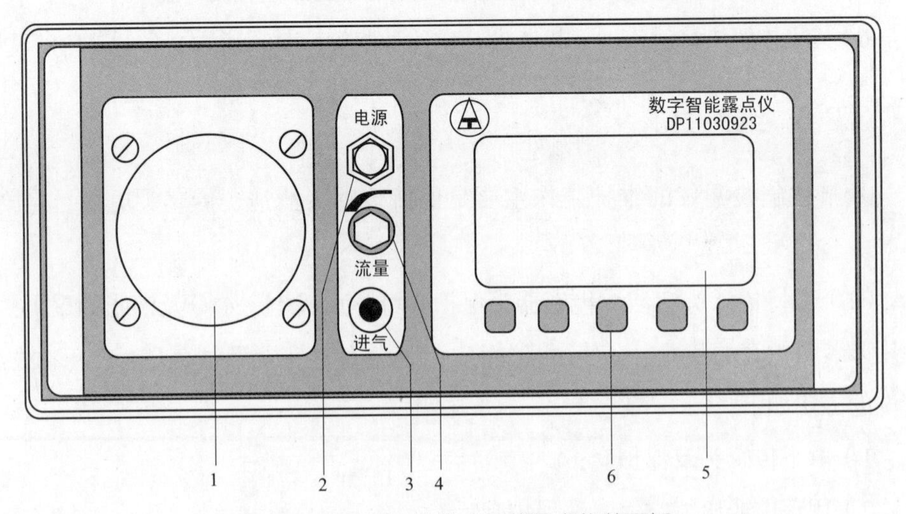

图3-5　DP99-III 数字智能露点仪前面板

1—测试头；2—电源按钮；3—样气入口；4—流量调节阀；5—液晶显示屏；6—按键

1）测试头。逆时针旋转测试头的压紧盖可以打开测试头，内部的测试探头可以取下，测试探头的内部装有接收管、发光管。冷镜位于样气入口（上）和出口（下）的中央。

2）电源按钮。按下按钮，打开仪器，指示灯亮。

3）样气入口。仪器的样气入口为快速接头，通过气路连接管与设备连接。

4）流量调节阀。通过调节流量调节阀可以调节气体流量，在液晶显示屏上可以观察气体流量的变化，顺时针方向旋转流量减少。

5）液晶显示屏。

6）按键。仪器设有五个功能键，各键的功能在液晶显示屏上有显示。

DP99-III 数字智能露点仪后面板如图 3-6 所示。

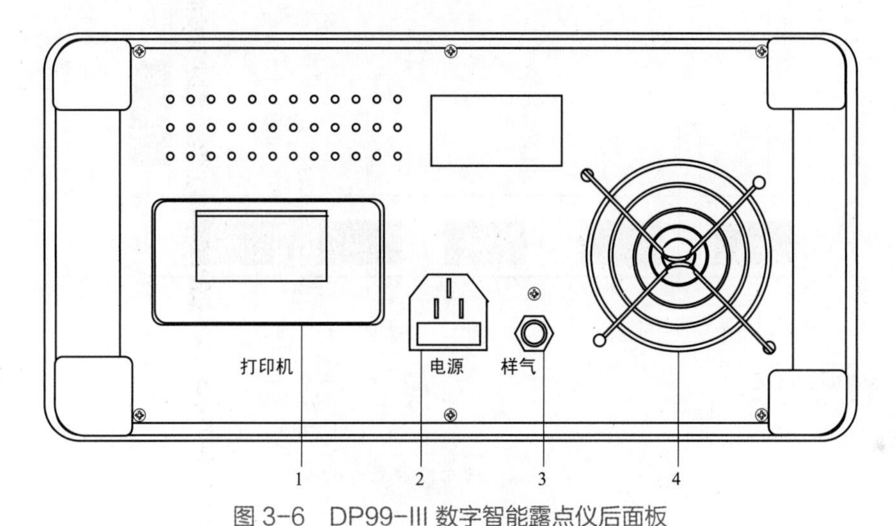

图 3-6　DP99-III 数字智能露点仪后面板

1—打印机；2—电源插座；3—样气出口；4—风扇

1）打印机。打印机可输出测试条件、测试结果数据和温度曲线。

2）电源插座。连接电源（220V ± 10%，50Hz），内置 2A 保险管。

3）样气出口。当测量空气或无毒气体时，样气可通过样气出口直接排出；当测量腐蚀性或有毒气体时，最好在封闭的回路中进行，该气样出口可连接相应的导管。

4）风扇。内置风扇用来冷却测试室。

（2）微水测试仪主界面。DP99-III 数字智能露点仪主界面如图 3-7 所示。各按键功能如下：

1）设置。进入设置界面，设置各个测量参数。

2）打印。打印当前测试报告。

3）查询。进入查询界面，查询测量历史记录。

4）QCA。设置快速结露加速器（QCA）的启动温度值。

5）测量。开始测量。

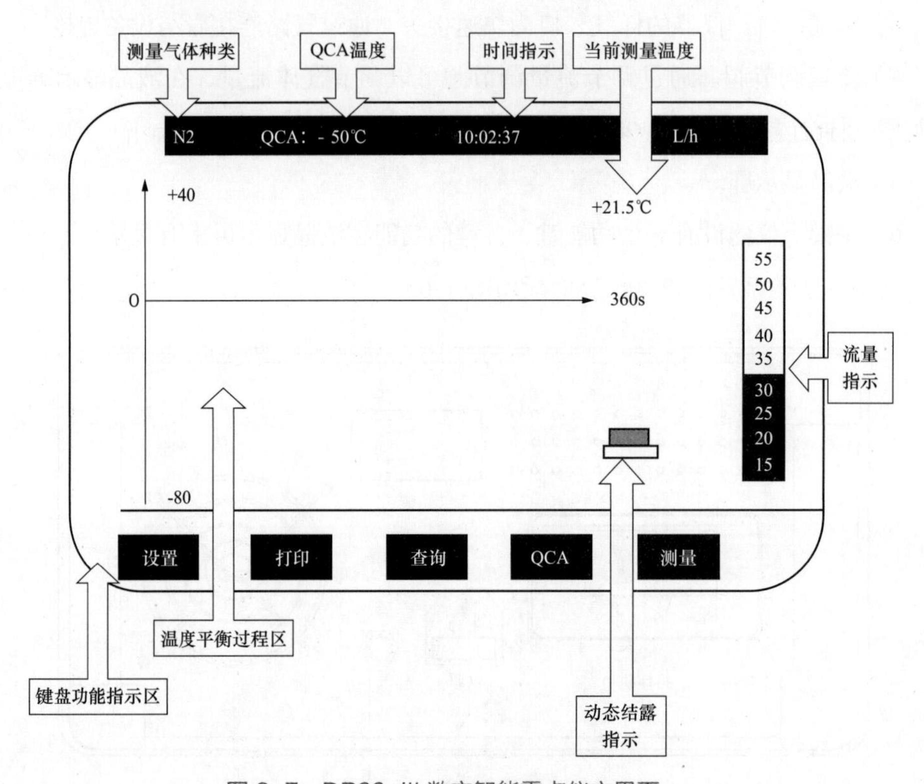

图 3-7　DP99-III 数字智能露点仪主界面

（3）加速装置 QCA。装置内置结露加速器（QCA），能在非常低的温度下快速稳定露点。当镜面温度达到设定的 QCA 温度时，少量湿气被注入导气管，它加速镜面表层的结露，从而缩短了响应时间，为了得到最佳的结果，QCA 温度必须设置在仪器的工作范围内。在主界面按下 QCA 键，进入 QCA 设置界面，设定 QCA 的温度范围为 -79 ~ -31℃，超过此范围，QCA 关闭，仪器将不再启动 QCA。一般设置在 -40℃，在夏季使用时，可升高几度，加速效果会更好。

3.3.2　使用规定

（1）使用前检查，主要内容如下：

1）检查仪器干燥。如果仪器有一段时间没有使用，在使用前必须对仪器的气路进行干燥，所有的管道和接头，若没有储存在装有干燥剂密封的容器中，必须用干

燥的 N_2 或 SF_6 冲洗 10min（最大压力 1MPa），调节流量调节阀，使气体流量在 40L/h。潮湿的接头烘干即可。

2）检查镜面。使用前，必须检查镜面是否干净，其过程如下：拧开测试头压紧盖，取出测试探头，观察冷镜镜面是否干净，如不干净，必须用中性的绵纸或脱脂棉擦拭干净，然后将测试探头装在仪器上，拧好压紧盖。

3）检查连接管路。连接气路的管路的材料对测量会产生重要影响，不合适的材料会影响样气湿度，导致测量不准确。PE、FEP 和 PTFE 管（直径 6mm × 4mm）的最大工作压力为 1MPa（10bar）。不锈钢管的最大工作压力为 25MPa（250bar）。样气进气管应尽可能短，在任何情况下，管道温度不得低于被测气体的露点温度。SF_6 气体测量的典型装配图如图 3-8 所示。

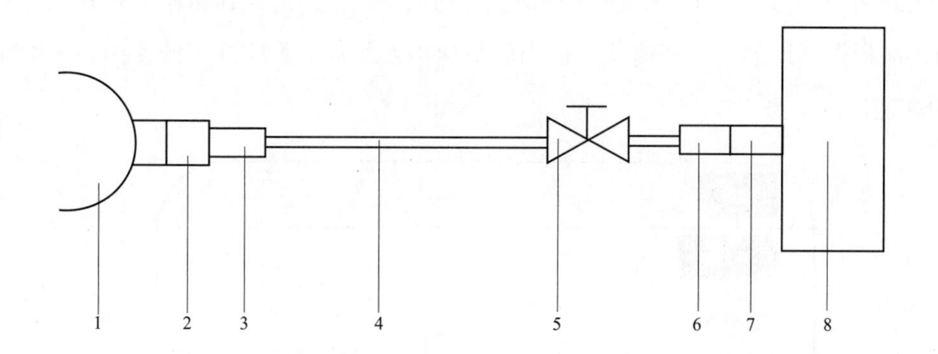

图 3-8 SF_6 气体测量的典型装配图

1—气源；2—样气接头；3—转换接头；4—样气导管；5—外部流量调节阀；6—快速接头（活动部分）；7—快速接头（固定部分）；8—DP99-III 露点仪

（2）使用方法如下：

1）开机准备。

a. 开机。首先把管道连接好，接上电源，打开仪器电源开关，进入开机界面。

b. 选择待测气体种类。开机界面持续大约 3s 后，进入选择测量气体界面，选择待测气体种类。

c. 选择测量方式。测量方式有两种。在大气压力下测量：首先完全关闭外部流量调节阀，完全打开露点仪上流量调节阀，打开待测气源，然后慢慢打开外部流量调节阀，直到流量在 30L/h 左右。在系统压力下测量：首先完全关闭露点仪上流量调节阀，完全打开外部流量调节阀，打开待测气源，然后慢慢打开露点仪上流量调节阀，直到流量在 30L/h 左右。

d. 预热。仪器预热 10min。

e. 仪器自动镜面检查。仪器开机后会自动检查镜面，在仪器预热后，根据屏幕上动态结露指示，按下列方法处理。光能量正常时，可正常使用。光能量不足时，镜面不清洁，就需要擦拭镜面；露点室压盖没旋紧，将压盖旋紧；光探头的发射孔或接收孔有污染，需要清洗。光源老化，发光能力减弱，可调整发光强度。光能量过强，外部环境条件变化导致的可调整发光强度。

2）参数设置。在主菜单中按下设置键，进入设置画面，设置完成后，仪器自动存储，重新开机不会改变设置内容。DP99–III 数字智能露点仪设置界面如图 3–9 所示。

a. 设置 QCA 的加速挡位。QCA 加速挡分为四个挡位，由低到高分别为 1、2、3、4 挡，应根据当地的气候环境选择适当的加速挡，通常夏季应选用低速挡，冬季应选用高速挡。

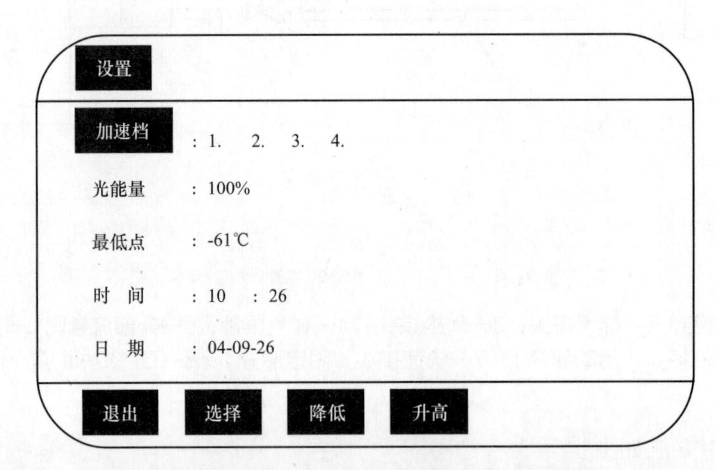

图 3–9 DP99–III 数字智能露点仪设置界面

b. 光能量。重新设置光能量，当光能量不足或者过强时，需要重新设置光能量。按下“调节”键，屏幕提示“检查镜面”，此时应检查镜面是否干净。然后按“确认”键，仪器自动将光能量调整为 100%。

c. 最低点。设置温度的最低点，设置范围为 –59 ~ –62℃。在测量 SF_6 气体时，应防止气体液化。

d. 时间。设置系统内部时间。仪器记录测量日期和时间，以备查询。

e. 日期。设置系统内部日期，方法和设置时间相同。

3）测量。在所有测量参数设置完成后，完全开启仪器面板上的流量调节阀，完全关闭外部流量调节阀，打开电力设备阀门，慢慢调节外部流量调节阀，避免大气流冲击仪器内部的流量计，使进气流量显示为25L/h或30L/h。DP99-III数字智能露点仪测量显示界面如图3-10所示，在主界面按下测量键，开始测量。当柱状图停止滚动，表示温度开始平衡，此时屏幕显示当前水分含量。待温度相对稳定没有波动，按停止键，结束测量，此时屏幕显示测量结果。

测量完成后，关闭气源，同时关闭仪器面板上的流量调节阀，然后关闭电源。

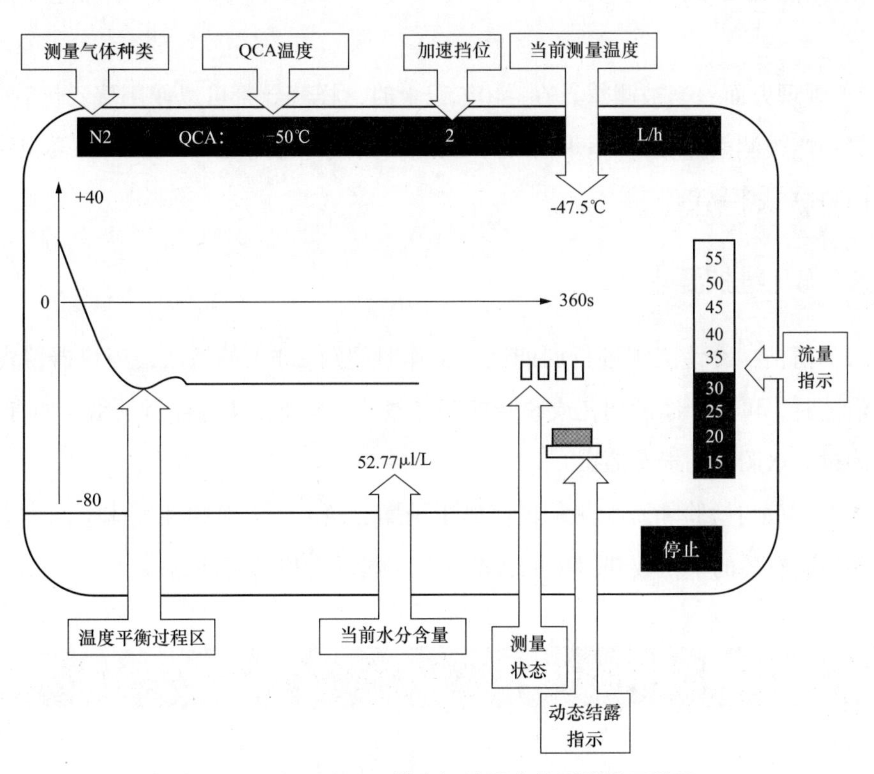

图3-10 DP99-III数字智能露点仪测量显示界面

4）存储查询。在主界面按“查询”键，进入存储查询界面，可以查询以前测量的记录值。

5）打印测试报告。按“打印”键，可直接打印测试报告。

（3）使用注意事项。

1）低温环境，仪器内部有凝结现象。用干燥气体冲洗仪器，当待测气体的露点温度高于环境温度时，不可测量。

2）若两次测量结果偏差较大，可能是进样管路受潮，使用之前，用干燥气体冲洗仪器最少 10min。

3）油或油脂污染样气管时，用溶剂清洗管道和接头，再用压缩空气吹干。

4）若系统漏气，使用检漏仪或肥皂液检查系统的气密性。

5）气体流量变化。气体流量的轻微变化 20 ~ 40L/h，不会影响测量结果；如果气体流量过高，压差会导致测量结果不精确；如果气体流量过低，精确测量会耗费很长时间。

6）露点温度不稳定。如有可能，在大气压下测量，尽可能地干燥连接管路与接头。

7）管理方面。当被测露点在 -40℃以上时，样气导管可以使用聚乙烯管（PE）和铜管；当被测露点在 -40℃以下时，只能使用氟化乙丙烯管（FEP）、聚四氟乙烯管（PTFE）或不锈钢管。

3.3.3 维护要求

（1）清洁。冷镜必须进行周期性（工作时间约 20h）的清洁，当仪器警告需要进行清洁时，可用干净的棉花或脱脂棉轻轻擦拭，禁止使用渗渍过的纸。如有可能，可用渗过无水酒精的棉花擦拭。

（2）存放与检验。微水测试仪存放于干燥、通风、无腐蚀性气体室内。应每年送具备检验资质的单位或部门（如省电科院）检验合格方可使用。

3.4 断路器动特性分析仪

3.4.1 仪器介绍

断路器动特性分析仪用于各种电压等级的真空、六氟化硫、少油、空气等断路器的动特性分析，型号比较多。以下以 DB-8001 型断路器动特性分析仪为例进行介绍。

（1）断路器动特性分析仪面板。DB-8001 型断路器动特性分析仪面板如图 3-11 所示。

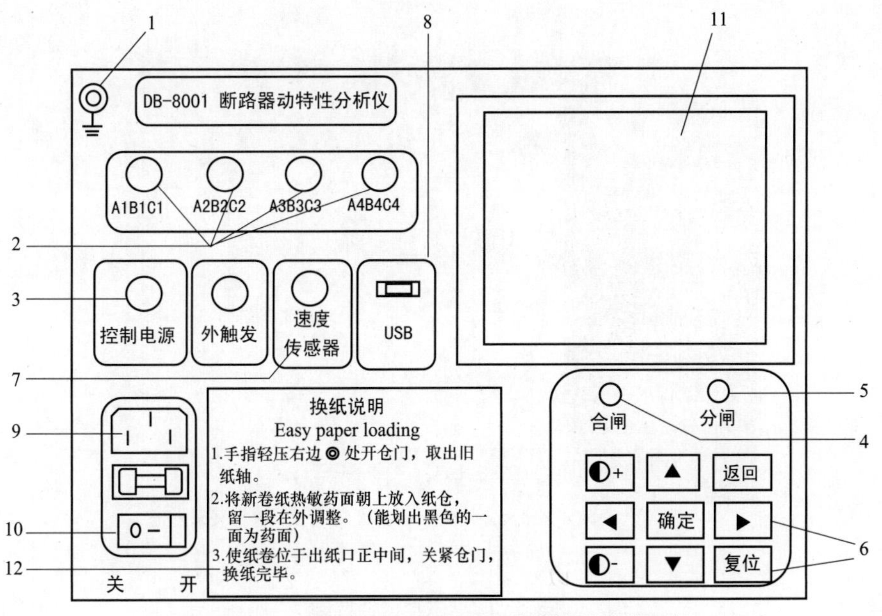

图 3-11　DB-8001 型断路器动特性分析仪面板

1—保护接地柱；2—断口测试线输入接口；3—控制电源线接口；4—合闸指示灯；5—分闸指示灯；6—功能按键模块；7—速度传感器控制线接口；8—USB 接口；9—操作电源接口；10—电源开关；11—液晶显示屏；12—打印机

（2）功能说明。

1）保护接地端：与大地相接。

2）功能按键块：◐+ ◐-液晶对比度的增、减。

▲ ▼上下移动光标或增、减当前光标处数值。

◄ ►左、右移动光标。

[确定] 选择当前菜单或确认操作。

[返回] 返回上级菜单或取消操作。

[复位] 仪器复位。

3）面板打印机：打印测试报告及图谱。

3.4.2　使用规定

（1）画面说明与按键操作。

按【确定】键，仪器进入菜单操作界面如图 3-12 所示。

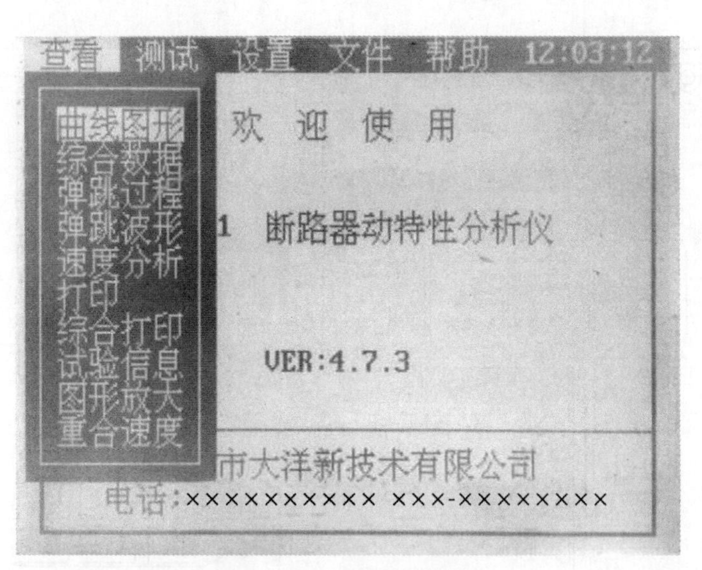

图 3-12 菜单操作界面

屏幕上方为仪器操作主菜单，从左到右依次为【查看】、【测试】、【设置】、【文件】、【帮助】五个主菜单。

1）进入测试准备界面后，将显示如图 3-13 所示的画面。

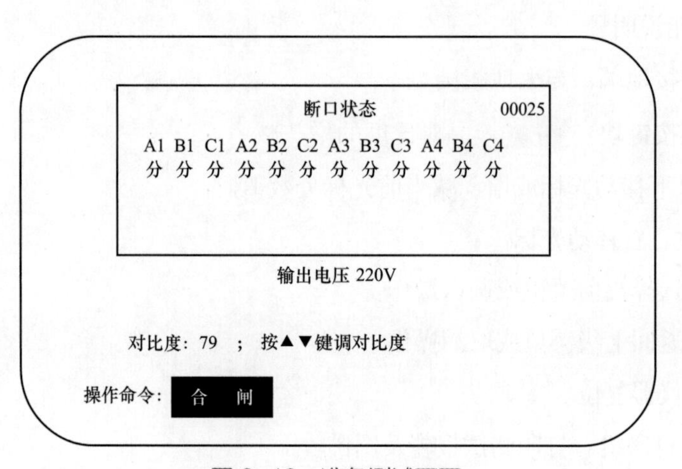

图 3-13 准备测试画面

a. 断口状态。用于判断开关的合、分状态，及断口线是否连接好。

b. 输出电压。调节操作电源输出调节旋钮可改变输出电压值，调节范围 30 ~ 270V。

c. 对比度。显示屏的对比度，按【▲】【▼】可调节对比度的大小，调节范围 0 ~ 100。

d. 操作命令。如果在断口状态中的 A1 为分时，按【合 / 分】键，屏幕的反白条中将顺序显示下列选项中的一项；ta 表示两次操作之间的时间间隔，按【▲】【▼】键可调节它的大小，如图 3–14 所示。

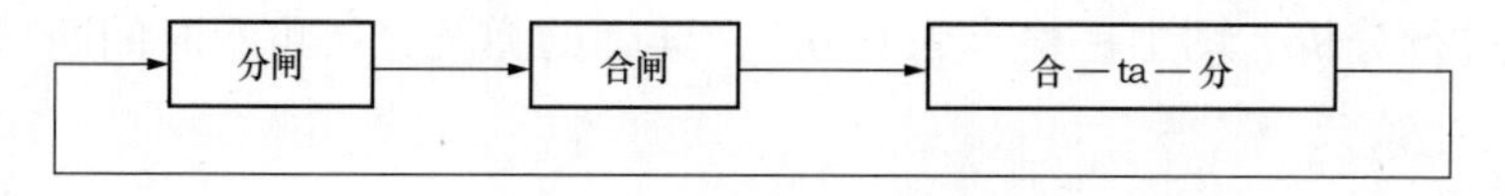

图 3–14　断口状态中的 A1 为分时的操作命令

在断口状态中的 A1 为合时，每按一次【合 / 分】键，显示如下内容：*t* 一般为 0.3s，如图 3–15 所示。

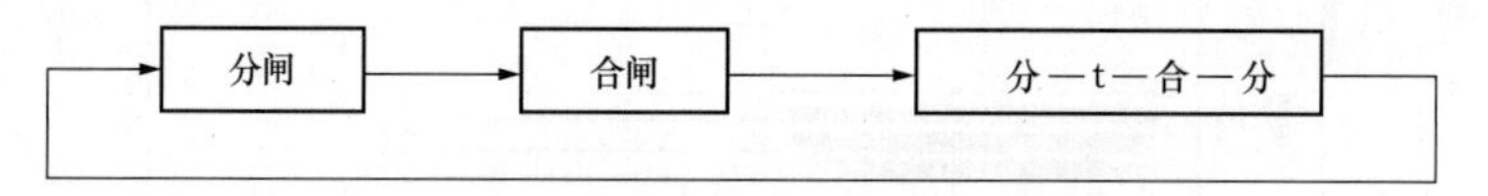

图 3–15　断口状态中的 A1 为合时的操作命令

2）数据画面。在准备测试画面状态下，按【确认】键，测试开始，测试完成后，显示此画面。数据画面如图 3–16 所示。

	分闸时间	弹跳时间	次数	三相不同期
A1	26.9	0.1	2	
B1	27.1	0.0	1	0.2
C1	27.0	0.0	1	
A2	0.0	0.0	0	
B2	0.0	0.0	0	0.0
C2	0.0	0.0	0	

三相不同期：A=0.0　B=0.0　C=0.0

触头开距 =11.4mm　平均速度=0.88m/s
超　　程 =0.0mm　刚分速度=1.09
总 行 程 =11.4mm　最大速度=1.40m/s
反弹幅值 =0.1mm

▼ 数据　存储　读取　删除 ▲

图 3–16　数据画面图

受屏幕的限制只显示 A1、B1、C1，A2、B2、C2 断口的数据，其他断口的数据，可用打印的方式打印出来；各时间数据的单位为毫秒（ms）。画面的左下方和右下方各有一个操作提示符。按【▼】键，进入数据曲线显示画面，可显示时间—行程—断口曲线、时间—断口弹跳特性及时间—电流曲线；当按【◀】键时，将进入数据管理画面，可执行数据的存储、读取、删除等功能。

a. 时间—行程—断口特性曲线画面。时间—行程—断口特性曲线画面如图 3–17

所示，全自动波形显示，根据行程的大小、合（分）闸时间的长短，自动设置合适的 X 轴、Y 轴的坐标刻度；通过此功能曲线能观察到动触头运动过程中的所有细节；受屏幕的限制只显示 A1、Bl、C1 断口曲线，其他断口的曲线可选用电脑软件在电脑上进行分析。图中一格点为 0.5ms，详细的弹跳分析可看时间断口弹跳特性画面。

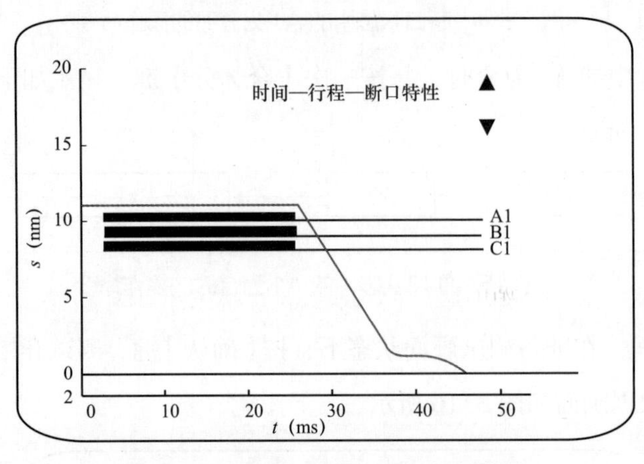

图 3-17　时间—行程—断口特性曲线

b. 时间—断口弹跳特性画面。时间—断口弹跳特性画面如图 3-18 所示。右上方有操作按键提示符【▲】、【▼】，当按下【▲】键时，返回时间—行程—断口特性曲线画面，当按下【▼】键时，进入浏览电流时间特性画面。

c. 时间—电流曲线画面。时间—电流曲线如图 3-19 所示。此画面显示仪器控制合（分）闸操作时，合（分）闸线圈的电流曲线：它反映了合（分）闸电磁铁本身以及所控制的锁闩或阀门以及连锁触头在操作过程中的工作情况。

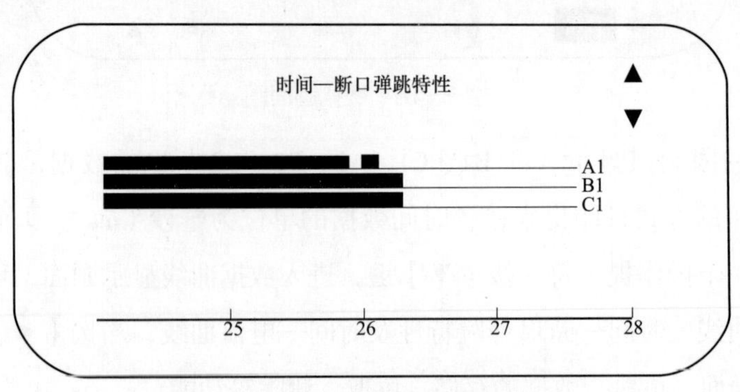

图 3-18　时间—断口弹跳特性曲线

时间—电流特性
10
8
6
4
2
0
i (A)
10
20
30
40
50
t (min)

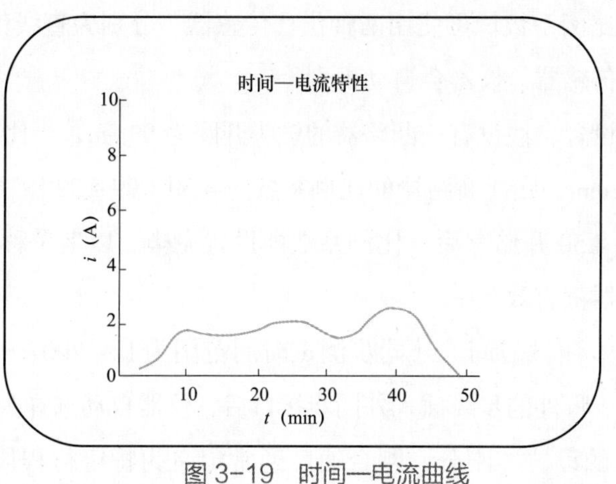

图 3-19　时间—电流曲线

d. 数据管理画面。数据的存储、读取、删除画面，操作时显示屏上有提示画面。

e. 测试结果的打印。按【打印】键，将打印电流曲线、行程断口曲线及测试数据等内容。

f. 返回主菜单画面。在任何画面中，按【返回】键将返回主菜单画面。

3）参数设置画面。在主菜单画面状态下，选择“设置”下拉菜单，将显示设置画面。参数设置画面如图 3-20 所示。

a. 操作说明。图中带下划线的数字，都是可修改的参数，下划线的长度表示可修改参数位数的多少，按【▲】、【▼】键，可选择要修改的参数；按【◄】、【►】键，参数加 1 或减 1。

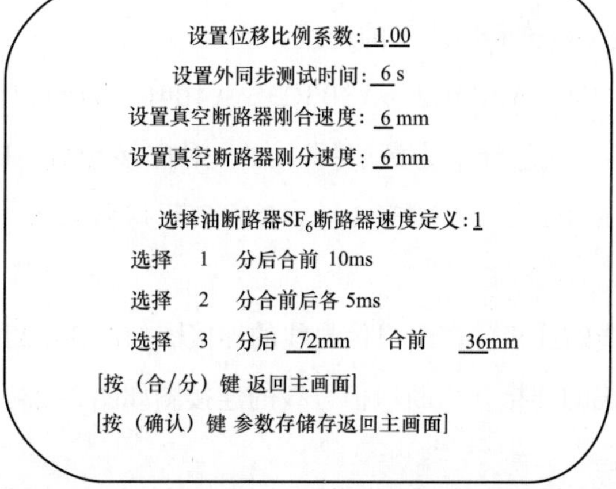

设置位移比例系数: 1.00
设置外同步测试时间: 6 s
设置真空断路器刚合速度: 6 mm
设置真空断路器刚分速度: 6 mm
选择油断路器SF6断路器速度定义: 1
选择 1 分后合前 10ms
选择 2 分合前后各 5ms
选择 3 分后 72mm 合前 36mm
[按（合/分）键 返回主画面]
[按（确认）键 参数存储存返回主画面]

图 3-20　参数设置画面

b. 设置位移比例系数。可使用两种位移传感器，分别为直线位移传感器及角位移传感器，两种传感器，仪器会自动识别。

比例系数的设置，假设有一断路器的触头开距为 99mm，当比例系数为 1.00 时，测出的开距为 22mm，则此断路器的比例系数为 4.50（99 ÷ 22），此时在设置画面中将比例系数改为 4.50 并储存后，比例系数即设置完毕。以上位移比例系数的修改，对两种位移传感器都有效。

c. 设置外同步测试时间。外同步测试时间范围为 1 ~ 200s，可根据实际需要，设置此值的大小。将外同步线插入外同步接口后，仪器自动选择为外同步测试方式。

d. 速度定义的设置。刚分、刚合速度通常定义为特定行程段或时间段的平均速度。

当测试真空断路器时，根据不同型号的真空开关，可修改“真空断路器刚合速度”及“真空断路器刚分速度”两项设置，一般以 6mm 或 5mm 用得较多。

当测试油断路器或者 SF_6 断路器时，根据不同型号的断路器，可修改“选择油断路器 SF_6 断路器速度定义”，可选 1、2 或 3，其中定义 1 为“刚分后、刚合前 10ms 的平均速度，刚分、刚合点的位置由超行程或名义超行程确定”。定义 2 用于一部分油断路器，定义 3 多用于 SF_6 断路器，根据不同的 SF_6 断路器可分别修改分后、合前的距离定义，适用于各类高压断路器的速度测试。

以上速度定义的设定对直线位移传感器及角位移传感器都同样有效。

（2）控制线、信号线的连接与传感器的安装。

1）分、合闸控制线（红、绿、黑线）的连接，如图 3-21 所示。

2）断口信号线（也称断口线）的连接。

接线中，A1B1C1、A2B2C2、A3B3C3、A4B4C4 为断口线接头，断口线为三合一控制线，三线颜色分别为黄、绿、红，对应接于 A、B、C 三相，合一接头可接 A1B1C1、A2B2C2、A3B3C3、A4B4C4 断口线接头中任意一个，同时取样。

a. 三断口信号线的连接。三断口信号线的连接图如图 3-22 所示。

b. 六断口信号线的连接。六断口信号线的连接图如图 3-23 所示。

3）传感器安装。

a. 真空断路器传感器安装简图。真空高压断路器机械特性测试示意图如图 3-24 所示。

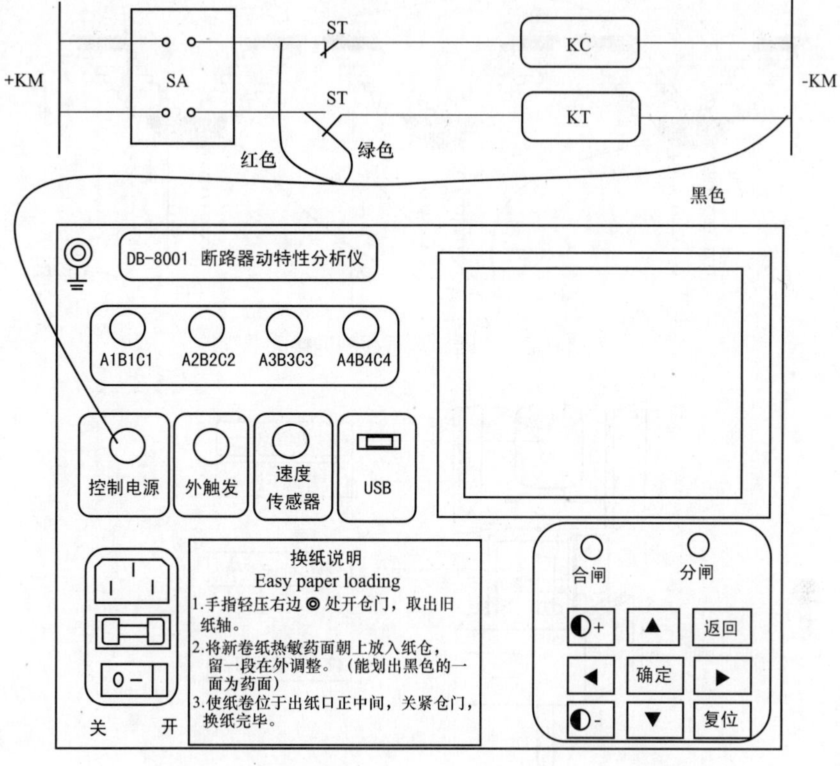

图 3-21 分、合闸控制线（红、绿、黑线）的连接图

SA—控制开关；ST—辅助开关；KC—合闸线圈；KT—分闸线圈

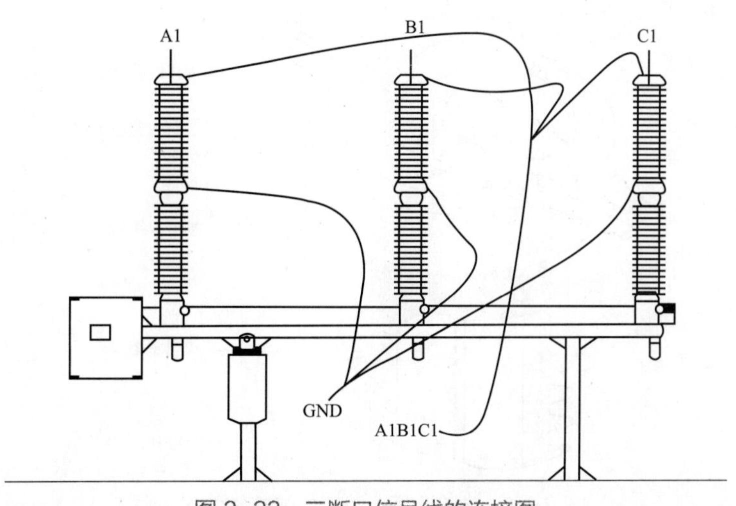

图 3-22 三断口信号线的连接图

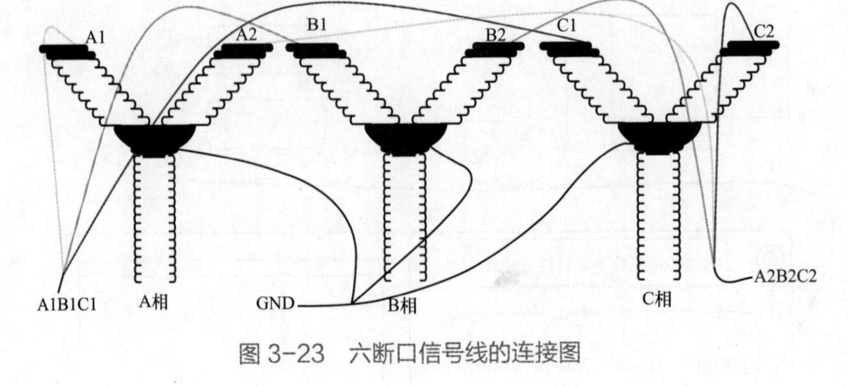

图 3-23　六断口信号线的连接图

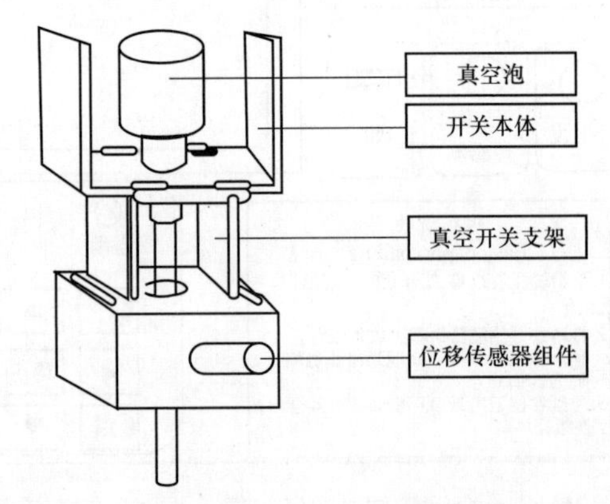

图 3-24　真空高压断路器机械特性测试示意图

b.少油断路器传感器安装简图。少油高压断路器机械特性测试示意图如图3-25所示。

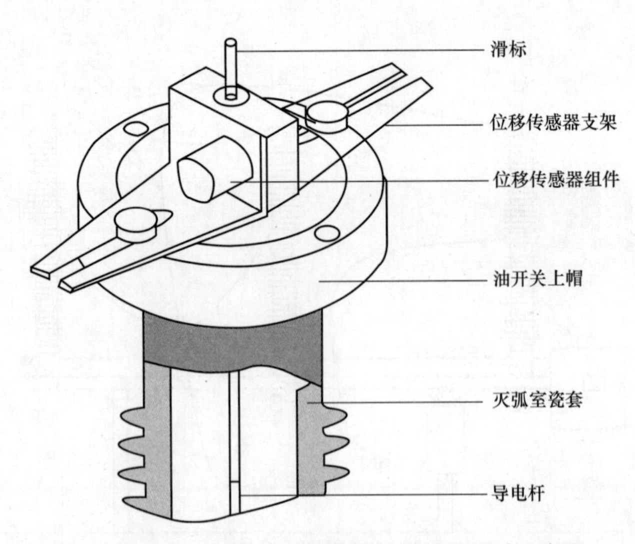

图 3-25　少油高压断路器机械特性测试示意图

c. SF_6断路器传感器安装简图。SF_6断路器机械特性测试示意图如图3-26、图3-27所示。

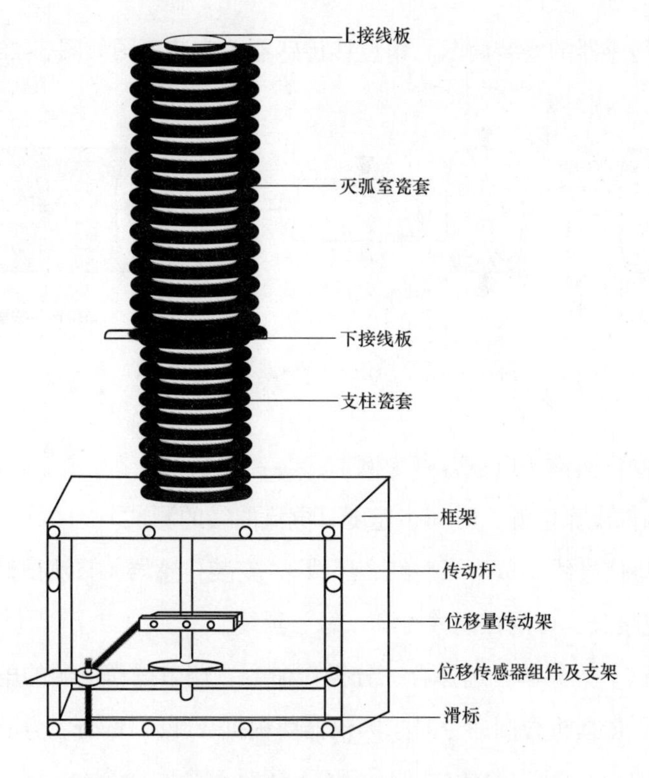

图 3-26　某 SF_6 高压断路器机械特性测试示意图

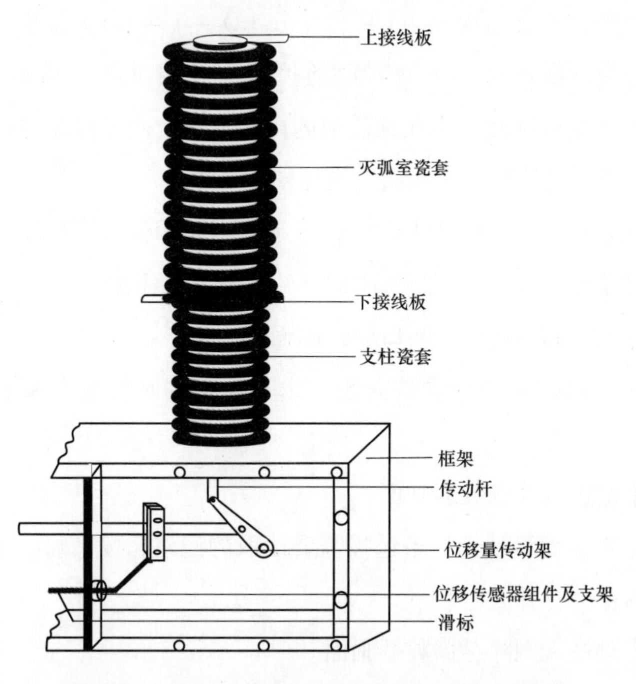

图 3-27　某 SF_6 高压断路器机械特性测试示意图

d. 角位移传感器的安装简图。角位移传感器的安装简图如图 3-28 所示。

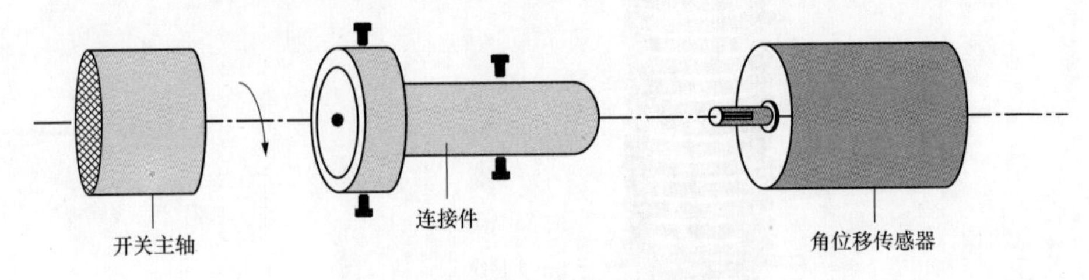

图 3-28 角位移传感器的安装简图

（3）测试操作实例（以重合闸为例）。

1）使用内部操作电源，时间、速度、电流曲线的测试。

a. 连接断口信号线（黄、绿、红、黑线），安装传感器（只测试时间时，不需安装传感器），连接分、合闸控制线（红、绿、黑线）。

b. 进入测试下拉菜单，选择合 / 分操作命令，调节操作电源的电压值至被测开关的额定电压；选择重合闸命令时，因仪器要根据 A1 断口的分、合状态来选择合－分循环命令，是合－ ta －分（C － ta － O）还是重合闸命令分－ t －合－分（O － t － CO），以排除错误的命令，因此，做重合闸操作时应连接 A1 断口信号线，并将断路器合闸，否则，不会出现分－ t －合－分（O － t － CO）命令。进行自动重合闸等两个以上命令的操作时，分、合闸控制线不能越过辅助开关而直接与操作线圈连接，这是因为在重合闸测试中在某段时间内，分、合闸输出端是同时输出的，需防止断路器发生跳跃及线圈长时间通电损坏。

c. 按【确认】键，按【确认】键后，显示屏将显示你所选择的操作命令，如做分合分操作时将显示“分－合－分”画面，约 3s 后显示数据画面。

按【▼】进入时间－行程－断口曲线画面。

按【▼】进入时间－电流曲线画面。由显示数据画面按【◄】键进入存储数据画面。

再按【◄】键进入读取数据画面。

用【▲】、【▼】键移动光标条选择需要读取的记录，按【确认】键，即可将存储的记录调入内存中打开。

再按【◄】键进入删除存储数据画面。

按【确认】键，将删除已存储的所有记录，显示的剩余记录空间将为 10 条，表示删除成功。

d. 准备再做一次试验时，按【返回】键，将返回准备测试画画，然后，重复上述的步骤进行操作。

e. 打印测试报告。按【打印】键，打印测试报告。

2）使用外部操作电源，时间、速度、电流曲线的测试：

a. 连接断口信号线（黄、绿、红、黑线），安装传感器与外同步采样线（红、红、绿、绿线）；

b. 按实际情况设置外同步采样时间；

c. 按执行键，等待开关分合；

d. 在设置的外同步采样时间内操作开关，测试完后打印结果。

3）低电压动作试验。将仪器返回至测试画面，调节仪器输出控制电压至需要的电压值，然后按执行键操作开关，再逐步降低或升高操作电压，直至把所需的电压值全部测出。

（4）注意事项。

1）在使用前，请先将仪器接地桩可靠接地。

2）内部直流电源为短时工作的操作电源（220V、15A），电流过大时，使用外同步的方式测试。

3）当储能按键按下时，储能输出端与公共负端间输出 DC220V，15A 恒定直流源。因储能电机启动时电流为正常工作电流的 5 ~ 7 倍，所以当电机的功率过大时，采用外部提供储能电源。

4）输出电源严禁短路。

5）不得打开机壳。

3.4.3 维护要求

维护要求如下：

（1）仪器应专人保管，存放在通风良好的室内，防止受潮。

（2）断路器动特性分析仪属于精密仪器，在使用过程中出现问题，先检查控制线、信号线是否接触良好，如果解决不了，建议联系厂家处理。

（3）断路器动特性分析仪应每年送具备检验资质的单位或部门（如省电科院）检验合格方可使用。

3.5 绝缘电阻测试仪

3.5.1 仪器介绍

绝缘电阻测试仪用于测试各类一次设备及二次回路的绝缘电阻，包括手摇式摇表及数字式绝缘电阻测试仪，以下以HVM-5000型数字式绝缘电阻测试仪为例进行介绍。

HVM-5000 型绝缘电阻测试仪面板如图 3-29 所示。

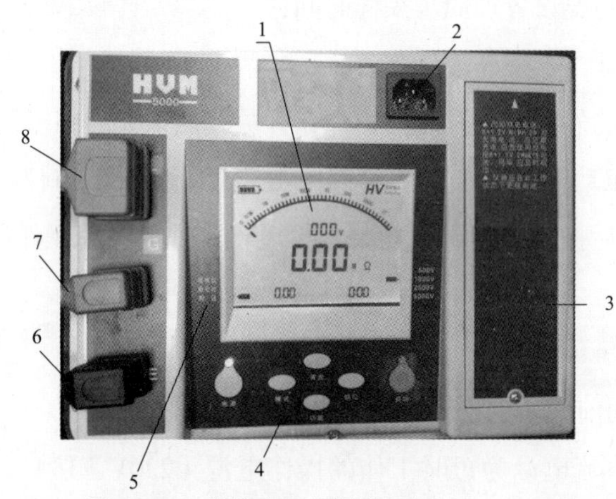

图 3-29 绝缘电阻测试仪面板

1—液晶显示区；2—交流电源输入接口；3—电池盒盖；4—操作按键；
5—工作模式提示；6—测量接地端 E；7—测量屏蔽端 G；8—高压输出端 L

液晶显示区如图 3-30 所示。

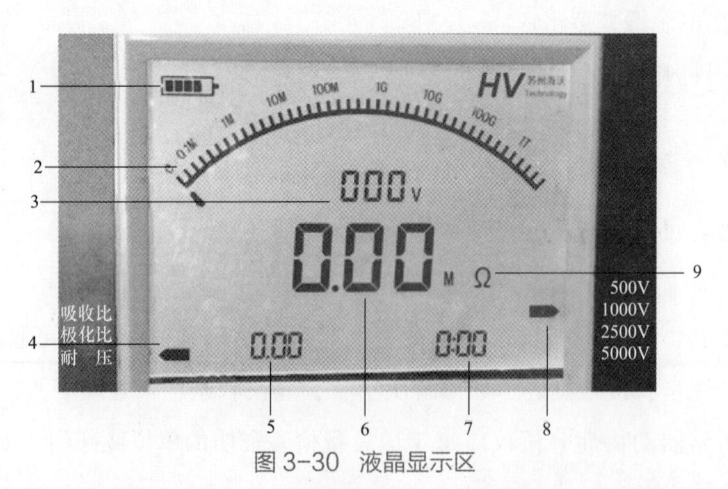

图 3-30 液晶显示区

1—电池指示；2—模拟进度条；3—实际输出压；4—模式指示；5—吸收比、极化比、试品电容；6—电阻值；7—测试时间；8—测试电压挡位；9—单位

3.5.2 使用规定

（1）按键操作说明。仪器共设置有六个实体功能键，在面板上均有显示，如图3-31所示。

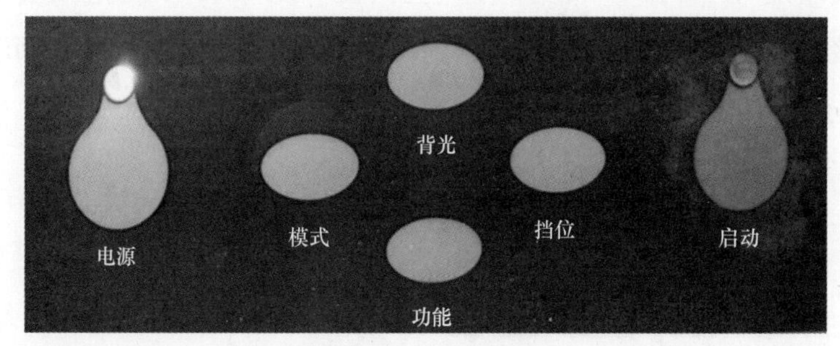

图3-31 按键

1）“电源”键。仪器的电源开关，位于仪器面板中部左下方，其上方为电源指示灯。

2）“模式”键。选择测试不同的测试模式，对应不同的测量过程。该键仅在高压没有启动前有效，可选的选项及测量过程如下：

a.“吸收比”试验模式，测量过程为：高压启动后计时开始，15s后记录电阻值R_{15s}，60s后再次记录电阻值R_{60s}，依据R_{60s}/R_{15s}计算出吸收比，并显示在显示面板上，随后关断高压输出。

b.“极化比”试验模式，测量过程为：高压启动后计时开始，1min后记录电阻值R_{60s}，不关断输出，10min后再次记录电阻值R_{10min}，按照R_{10min}/R_{60s}计算出极化比并显示在显示面板上，随后断开高压输出。

c.“耐压”测试模式，在此模式下测量普通的绝缘耐压试验，高压启动后，显示绝缘电阻值，不自动关断高压输出，需人工关断输出。

3）“背光”键：液晶显示区域背光的启动与关断控制。

4）“功能”键：含调取测试值及设置输出电压两个功能，各功能及其对应的模式如下：

a.“吸收比”及“极化比”试验模式下，在高压输出被自动关断后，按此键可以查看R_{15s}、R_{60s}、R_{10min}以及吸收比、极化比数值，同时可查看被试品电容值。

b.在“耐压”试验下，高压启动后，按此键可微调高压输出，调节步进为点动一次，高压输出增加50V，仪器最大输出为5050V。

5）“挡位”键：在高压没启动前选择输出高压的挡位，可选挡位包括500、

1000、2500、5000V，该键在高压启动后无效。

6）“启动”键：控制高压输出的启动和关断，按键上方为高压指示灯，启动高压后，灯亮，单高压大于 50V 时指示灯闪烁。

（2）接线说明。如图 3–32 为以电缆为例说明接线方式，通过在被试品上缠绕导线并连接至屏蔽 G 端子，可避免表面泄漏电流进入测量端，减小表面电阻对体电阻的测量造成的误差。

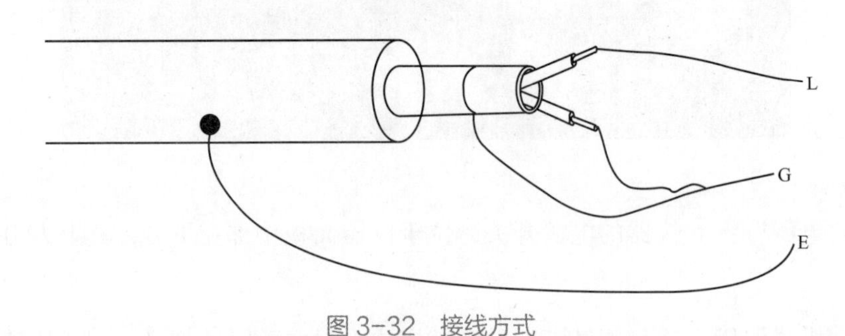

图 3–32　接线方式

L—高压端；G—屏蔽端；E—接地端

3.5.3　维护要求

绝缘电阻测试仪维护主要注意电池充电及维护，具体事项如下：

（1）首次使用前电量应充足，可接 220V 电源的同时进行测试。

（2）建议长时间连续充电，充电时间大于 16h。

（3）长时间不使用时，3 个月应对电池至少充电 24h。

（4）使用和存放绝缘电阻测试仪时，应防止仪器进水受潮，若发现仪器受潮，应干燥后存放。

（5）应每年送具备检验资质的单位或部门（如地市公司试验部门）检验合格方可使用。

3.6　开关动作电压测试仪

3.6.1　仪器介绍

开关动作电压测试仪，是针对各种电压等级的真空、SF_6、少油、空气负荷等高低压开关试验、检修而设计制造的便携式、可调直流电源。以 ZKD/ Ⅱ型开关动作电压测试仪为例进行介绍。

（1）开关动作电压测试仪面板。ZKD/ Ⅱ型开关动作电压测试仪控制面板如图 3-33 所示。

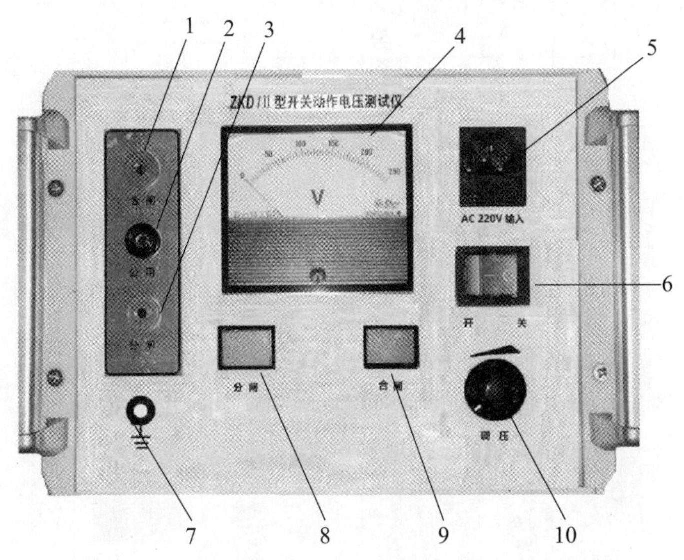

图 3-33　ZKD/ Ⅱ型开关动作电压测试仪控制面板

1—合闸控制线接口；2—公用端控制线接口；3—分闸控制线接口；4—电压指示；5—交流电源接口；6—电源开关；7—接地端；8—分闸按钮（带灯）；9—合闸按钮（带灯）；10—调压开关

（2）控制面板功能。

1）分闸控制线接口：分闸控制电源输出。

2）合闸控制线接口：合闸控制电源输出。

3）分闸按钮（带灯）：判断分闸回路是否导通良好，实现分闸操作。

4）合闸按钮（带灯）：判断合闸回路是否导通良好，实现合闸操作。

5）接地：保护接地。

6）电源插座：交流电源输入，自带熔丝。

7）电源开关：电源开启。

8）电压指示：监测显示可调直流电压。

9）调压开关：调整直流电源输出电压。

3.6.2 使用规定

（1）接线方式。ZKD/ Ⅱ型开关动作电压测试接线方式如图 3-34 所示。

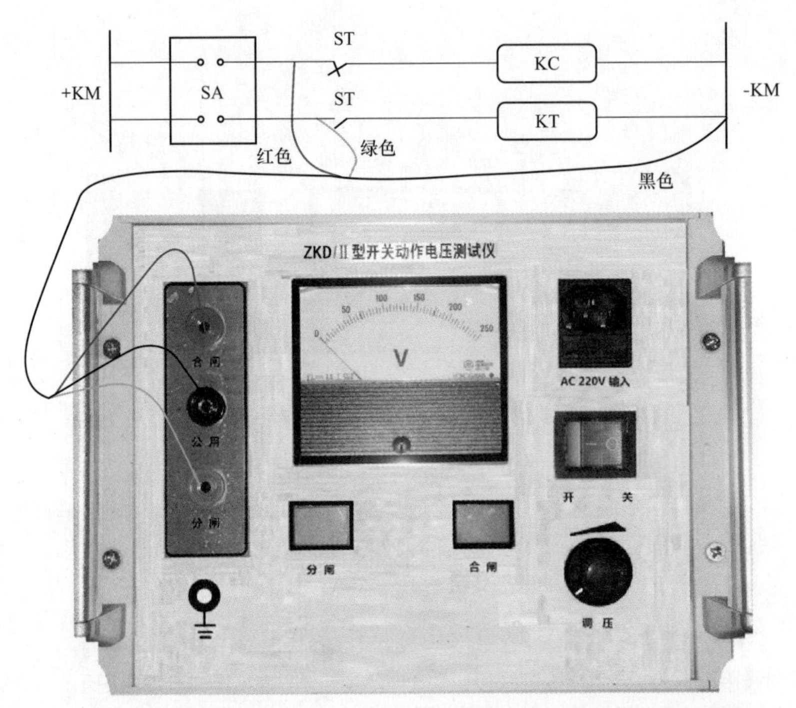

图 3-34　ZKD/II 型开关动作电压测试仪接线方式

SA—控制开关；ST—辅助开关；KC—合闸线圈；KT—分闸线圈

（2）操作方法。

1）设备保护接地，连接电源线。

2）将被测试设备操动机构分、合闸回路（包括串联的辅助电阻或元件）正、负电源接入端与外部回路断开连接。

3）使用测试导线将仪器面板上分、合闸端子分别与被测试设备操动机构分、合闸回路（包括串联的辅助电阻或元件）正电源接入端相连；将公共端子与分（合）闸回路负电源接入端相连。

4）打开电源开关，根据分合闸带灯按钮是否亮灯检测控制回路是否处于导通状态，确认控制回路导通后，调节测试仪输出：①在 30% 额定电压下，分、合闸线圈不应动作，重复测试 3 次；②在 30% ~ 65% 额定电压范围内，逐步升高测试仪输出电压，直至分闸线圈动作，记录输出电压值即为分闸最低动作电压值；③在

30% ~ 85% 额定电压范围内，逐步升高测试仪输出电压，直至合闸线圈动作，记录输出电压值即为合闸最低动作电压值。测试应注意，每次加压完成后，应将调压挡位归零；若该次加压后线圈未动作，应进行一次分合（或合分）操作循环后，再重新进行加压测试。

（3）注意事项。

1）使用前，接地端子应先接上接地线。

2）输出电源严禁短路。

3）带灯分合闸按钮，灯亮表示输出回路正常，反之引线可能断路，按下按钮所升的电压快速输出，触发时间不大于 1s，如果按下时间大于 3s，机内保护自动切断输出。

4）调压开关具有零位保护，必须回零后才可升压。旋钮向顺时针方向旋调为升压，反之为降压。

3.6.3 维护要求

维护要求如下：

（1）不可人为打开机壳。

（2）仪器存放时不能受潮，搬运时小心轻放。

（3）应每年送具备检验资质的单位或部门（如地市公司试验部门）检验合格方可使用。

PART 4

第4章 断路器检修机具

4.1 游标卡尺

4.1.1 机具介绍

游标卡尺是一种较精密的量具，它利用游标和尺身相互配合进行测量和读数，可以直接测量出工件的内径、外径、中心距、宽度、厚度、深度和孔距等。游标卡尺如图 4–1 所示。

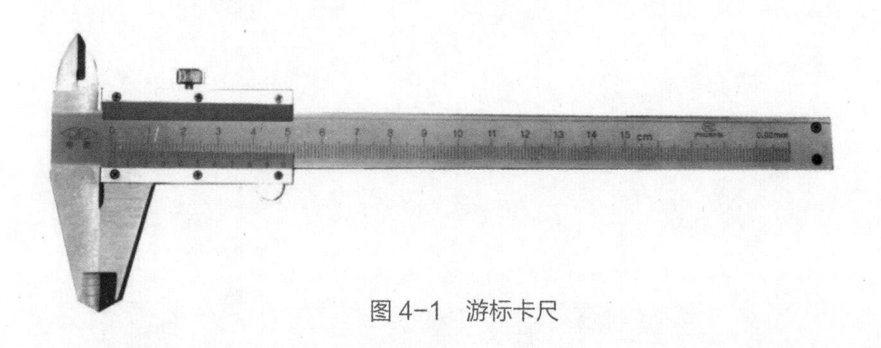

图 4–1 游标卡尺

4.1.2 使用规定

游标卡尺的读数精度有 0.1、0.05mm 和 0.02mm 三种，其中 0.02mm 的读数精度最高，游标卡尺读数具体步骤如下：

（1）读整数时，读出游标零线左边尺身上最接近零线的刻线数值，该数就是被测件测量尺寸的整数值。

（2）读小数时，找出游标零线右边与尺身刻线相重合的刻线，将该线的顺序数乘以游标的读数所得的积，即为被测件测量尺寸的小数值。

（3）求和时，将上述两次读数相加即为测量结果。

举例：试读出图 4–2 所示读数精度为 0.05mm 游标卡尺的测量数值，如图 4–2 所示。

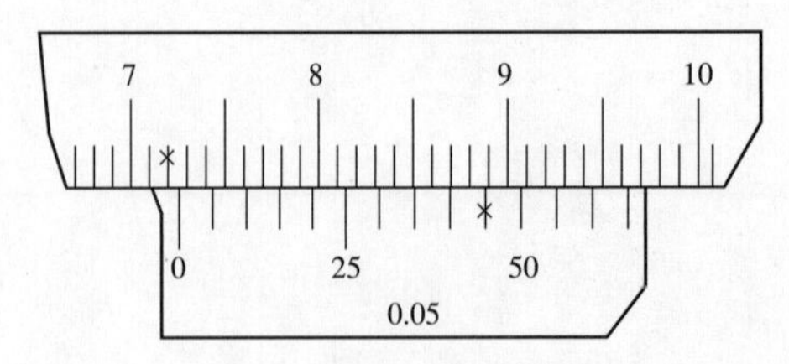

图 4–2 精度 0.05mm 游标卡尺测量举例

1）读整数：整数是 72mm，因为游标线左边最接近零线尺身的刻线为第 72 条刻线。

2）读小数：游标上的第 9 条刻线正好与尺身的一根刻线对齐，小数是 0.45mm（0.05mm × 9 ＝ 0.45mm）。

3）求和：72mm ＋ 0.45mm ＝ 72.45mm。

（4）注意事项如下：

1）使用前检查量爪及刃口是否完好，尺身和游标的零线是否对齐。

2）测量内、外尺寸时，量爪应接触测量表面，卡尺不能偏斜。

3）读数时，视线应与游标卡尺的刻度线表面垂直。

4.1.3 维护要求

维护要求如下：

（1）不得将游标卡尺的量爪当作划针、圆规和螺钉旋具等使用。

（2）测量结束后要将游标卡尺平放，避免尺身弯曲。

（3）游标卡尺使用完毕后，要擦净涂油，放在专用盒内，避免生锈。

4.2 千分尺

4.2.1 机具介绍

千分尺是一种应用广泛的精密量具，其测量精确度比游标卡尺高，它的测量精度为 0.01mm。外径千分尺如图 4–3 所示，内径千分尺如图 4–4 所示。

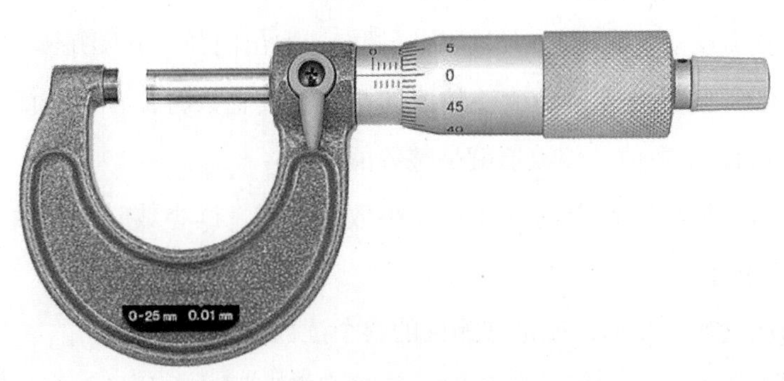

图 4–3 外径千分尺

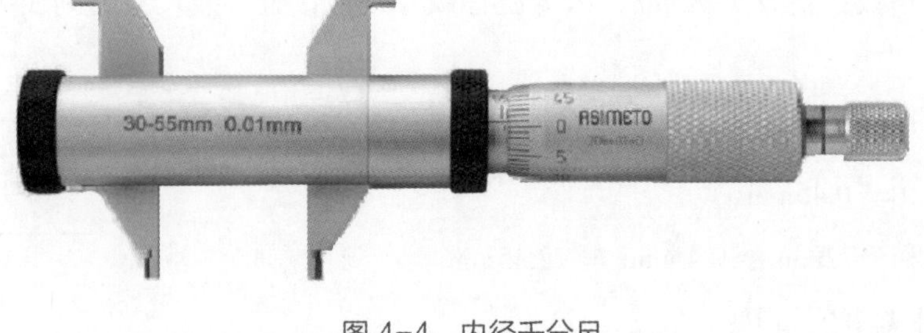

图 4-4　内径千分尺

4.2.2　使用规定

千分尺的读数方法示例如图 4-5 所示。

（1）外径千分尺测量读数步骤如下：

1）读整数，微分筒端面是读整数值的基准。读整数时，看微分筒端面左边固定套筒上露出的刻线数值，该数值就是整数值。

2）读小数，固定套筒上的基线是读小数的基准。读小数时，看微分筒上哪一根刻线与基线重合。如果固定套筒上的 0.5mm 刻线未露出来，则微分筒上与基线重合的那根线的数目即是所求的小数。如果 0.5mm 刻线已露出来，那么从微分筒上读得的数还要加上 0.5mm 后，才是小数。当微分筒上没有任何一根刻线与基线恰好重合时，应该进行估读到小数点后第三位数。

3）将上面两次读数值相加，就是被测件的整个读数值。

（2）内径千分尺测量读数步骤如下：

1）将其测量触头测量面支承在被测表面上，调整微分筒，使微分筒一侧的测量面在孔的径向截面摆动，找出最大尺寸。

2）在孔的轴向截面内摆动，找出最小尺寸。

3）此调整需反复几次进行，最后旋紧螺钉，取出内径千分尺并读数。

4）读整数，微分筒端面是读整数值的基准。读整数时，看微分筒端面左边固定套筒上露出的刻线数值，该数值就是整数值。

5）读小数，固定套筒上的基线是读小数的基准。读小数时，看微分筒上哪一根刻线与基线重合。

6）将两次读数值相加，就是被测件的整个读数值。

7）测量两平行平面之间的距离时，应沿多方向摆动千分尺，取其最小尺寸为测量结果。

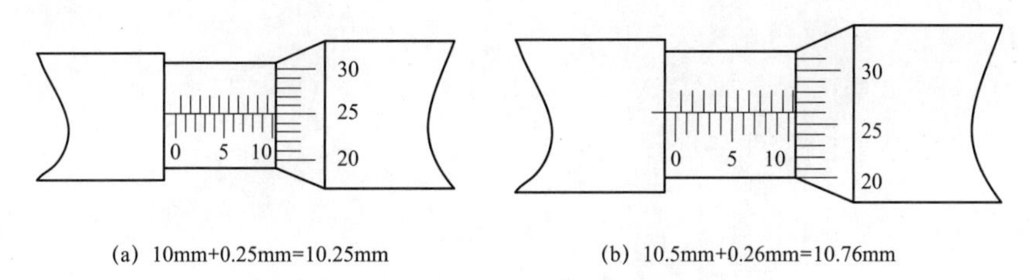

(a) 10mm+0.25mm=10.25mm (b) 10.5mm+0.26mm=10.76mm

图 4-5 千分尺的读数方法示例

（3）注意事项如下：

1）使用前检查其各活动部分是否灵活可靠，并检查零位。

2）测量前必须先把工件的被测量表面擦干净，以免赃物影响测量精度。

3）测量时，转动测微头螺母，直到测微头发出嗒嗒声响，即可读数。

4）测量时，要使测微螺杆轴线与工件的被测尺寸方向一致，不得倾斜。

5）测量中要注意温度的影响，防止手温或其他热源的影响。

4.2.3 维护要求

维护要求如下：

（1）测量时，不得使劲拧千分尺的微分筒。

（2）不得拧松后盖，否则会造成零位改变。

（3）保持千分尺清洁，使用完毕后擦干净，同时还要在两测量面上涂一层防锈油并让两测量面互相离开一些，然后放在专用盒内，并保存在干燥的地方。

4.3 钻床

4.3.1 机具介绍

钻床是一种常用的孔加工机床，在钻床上可装夹钻头、扩孔钻、锪钻、铰钻、铰刀、镗刀、丝锥等工具，用来进行钻孔、扩孔、锪孔、铰孔、镗孔以及攻螺纹等工作。按结构和适用范围不同，可分为台式钻床、立式钻床、摇臂钻床和深孔钻床。以下以某生产厂家的某型号台式摇臂钻床为例进行介绍，台式钻床如图 4-6 所示。

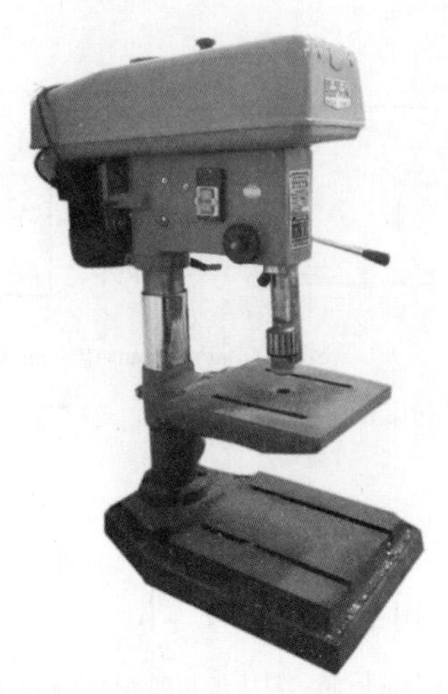

图 4-6　台式钻床

4.3.2　使用规定

（1）使用方法如下：

1）试车。在钻床接上电源开始工作前，应进行试车，以检查机床是否处于正常状态。试车时将主轴转速调至最低转速挡，进给形式转换至脱开状态，按“点动”按钮，检查主轴是否正转，否则将三相电源中的任意两相调换位置使机床正转。

2）钻削操作。旋钮逆时针旋向“钻”位置，按下绿色按钮，机床主轴启动，绿色指示灯亮，主轴处于“正转”状态，可实现钻削操作；按下红色蘑菇头按钮，可使机床主轴停止转动。旋钮顺时针旋向“钻”位置，按下绿色按钮，机床主轴启动，此时进给手柄向外拉出，可实现自动进给功能。

3）攻丝操作。将旋钮顺时针旋向“攻丝”位置，按下绿色按钮，机床主轴转动，绿色指示灯亮，主轴处于“正转”状态，可实现攻丝操作。当攻至预先设定的深度时，机床立即反转，红色指示灯亮，主轴处于“反转”状态，使丝锥退出工件。

若在攻丝过程中出现堵转等紧急情况，按下红色蘑菇头按钮，主轴立即反转，红色指示灯亮，使丝锥退出工件。

（2）注意事项如下：

1）工作前检查电源线路，防止缺相运行。检查接地线是否完好。

2）工作前合上闸刀试空车，无异常响声方可工作。

3）工作中注意力集中，穿工作服，禁止戴手套。

4）钻销时，必须用夹具夹持工件，禁止用手拿。薄工件应在其下部垫上垫块。

5）钻孔时不宜用力过猛，以防电机过载。若发现钻头转速减低，应立即切断电源，并进行检查。

6）装拆钻头时必须用钻夹头钥匙，不得用其他工具敲打夹头及其他部位。

7）变换转速、夹装工件、装卸钻头时，必须停车。

8）发现工件不稳、钻头松动、进刀有阻力时，必须停车检查。

9）使用中电钻机壳温度不得超过 45°。

10）使用完毕后，及时切断电源。

4.3.3 维护要求

维护要求如下：

（1）定期检查钻床各导轨、轴承、齿轮箱，下导轨面润滑可将润滑油直接加注在导轨面上，主轴及各齿轮轴上的轴承加注黄油，齿轮箱内每半年更换一次白色特种润滑脂。

（2）电钻钻头需要经常修磨。

4.4 液压叉车

4.4.1 机具介绍

手动液压叉车也被称为手动堆高车，是一种高起升装卸和短距离运输两用车，适合用于电气设备的短距离运输，液压叉车如图 4-7 所示。

图 4-7 液压叉车

4.4.2 使用规定

（1）使用方法如下：

1）使用手动液压叉车之前须进行以下三项检查，不合格应禁止使用该设备。

a. 液压缸有无泄漏。

b. 轮滑装置是否有效。

c. 轮滑装置是否有异物缠绕并清除。

2）打压。将控制手柄打到下位，按下方向柄，即可对手动液压叉车进行打压。所叉货物重量严禁超过手动液压叉车所限重量。

3）拉货。打压将货物离地后，将控制手柄打到中位，即可拖动货物，在拉货时不可奔跑，需缓行。

4）卸压。将货物拉到目的地后，将可控制手柄打到上位，对手动液压叉车进行卸压，直到货物着地。

5）空车运行。在空车运行时应将手动液压叉车适当升起以免前轮支撑架与地面接触到地面造成磨损。

（2）注意事项如下：

1）叉车只能一人操作，操作者须经培训，严禁速度过快。

2）叉车叉必须完全放入卡板下面，才能进行拉运动作。

3）严禁装载不稳定或松散的货物。

4）叉车在使用时，严禁将手和脚伸到货叉下面。

5）任何时候严禁单叉承载货物或其他作业。

6）叉车载重不得超过核定重量，且货物的高度不能遮住操作者视线。

4.4.3 维护要求

（1）周期性维护。周期性维护包括清洁、紧固、检查及更换等措施，表 4–1 中所示周期仅供参考，具体周期可根据检修工区实际情况进行制定。

表 4-1 周期性维护

部件（部位）	维护内容	周期
轮子和轴芯	清除轮子和轴芯上的线、破布等	每天
货叉	卸下货叉上的货物后，货叉降到最低位置	每天
传动部件	添加润滑油脂	7 天
车轮轴承	添加润滑油脂	15 天
液压油缸	添加液压油（L-HV46 液压油）	6 个月

（2）常见的故障及解决方法，见表 4-2。

表 4-2 常见的故障及解决方法

故障现象	故障原因	解决方法
货叉升不到最高高度	液压油不够	加注液压油
货叉不能升起	没有液压油	加注液压油
	液压油不纯	更换液压油
	调整螺母错误	重新调整液压螺母
	液压油中有空气	排出空气
货叉不能下降	由于货物的放置偏向一边或超载，使得大活塞或泵体受到损坏	更换大活塞或泵体
	叉架处于升高位置很长一段时间，使得大活塞暴露而生锈，阻碍活塞运动	不使用时请把叉架降到最低位置，注意及时调整活塞杆
	调整螺母或螺钉不在正确位置	调整螺母和螺钉
漏油	密封件老化或破损	更新
	一些部件破裂	更新
货叉自降	液压油的不纯导致释放阀不能关紧	换油
	液压系统的某些部件破裂或损坏	检查并更换
	空气混入液压油中	排出空气

4.5 手持式电动工具

4.5.1 机具介绍

手持式电动工具是指用手握持或悬挂进行操作的电动工具，电气工程中常用的电动工具有手持式砂轮机、手持式磨光机、手电钻等。手电钻如图 4–8 所示，手砂轮如图 4–9 所示。按照其采用的绝缘方式可分为：

（1）Ⅰ类工具。工具在防止触电的保护方面不仅依靠基本绝缘，而且它还包含一个附加的安全预防措施，其方法是将可触及的可导电的零件与已安装的固定线路中的保护（接地）导线连接起来，以这样的方法来使可触及的可导电的零件在基本绝缘损坏的事故中不成为带电体。

（2）Ⅱ类工具。其额定电压超过 50V，工具在防止触电的保护方面不仅依靠基本绝缘，而且它还提供双重绝缘或加强绝缘的附加安全预防措施和没有保护接地或依赖安装条件的措施。这类工具外壳有金属和非金属两种，但手持部分是非金属，非金属处有“回”符号标志。

（3）Ⅲ类工具。其额定电压不超过 50V，由特低电压电源供电，工具内部不产生比安全特低电压高的电压，这类工具外壳均为全塑料。

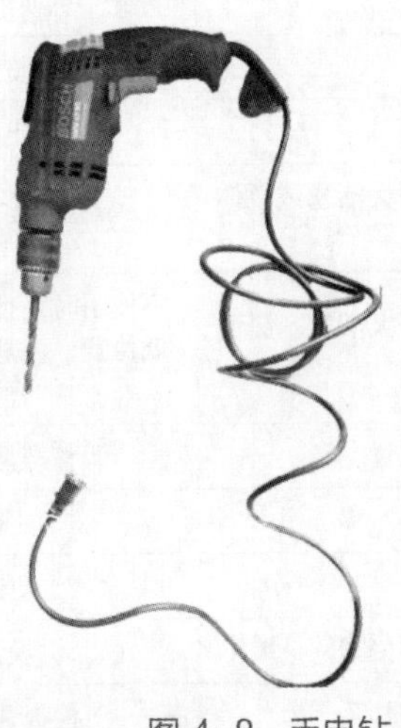

图 4–8　手电钻

图 4–9　手砂轮

4.5.2　使用规定

（1）工具在使用前，操作者应认真阅读产品使用说明书和安全操作规程，详细了解工具的性能和掌握正确使用的方法，使用时，操作者应采取必要的防护措施。

（2）在一般作业场所，应使用Ⅰ类工具；若使用Ⅰ类工具时，还应在电气线路中采用额定剩余动作电流不大于 30 mA 的剩余电流动作保护器、隔离变压器等保护措施。

（3）在潮湿作业场所或金属构架上等导电性能良好的作业场所，应使用Ⅱ类或Ⅲ类工具。

（4）在锅炉、金属容器、管道内等作业场所，应使用Ⅲ类工具或在电气线路中装设额定剩余动作电流不大于 30mA 的剩余电流动作保护器的Ⅱ类工具。

（5）Ⅲ类工具的安全隔离变压器，Ⅱ类工具的剩余电流动作保护器及Ⅱ、Ⅲ类工具的电源控制箱和电源耦合器等必须放在作业场所的外面。在狭窄作业场所操作时，应有人在外监护。

（6）在湿热、雨雪等作业环境，应使用具有相应防护等级的工具。

（7）Ⅰ类工具电源线中的绿 / 黄双色线在任何情况下只能用作保护接地线（PE）。

（8）工具的电源线不得任意接长或拆换。当电源离工具操作点较远而电源线长度不够时，应采用耦合器进行连接。

（9）工具电源线上的插头不得任意拆除或调换。

（10）工具的插头、插座应按规定正确接线，插头、插座中的保护接地极在任何情况下只能单独连接保护接地线（PE）。严禁在插头、插座内用导线直接将保护接地极与工作中性线连接起来。

（11）工具的危险运动零、部件的防护装置（如防护罩、盖等）不得任意拆卸。

4.5.3 维护要求

工具在发出或收回时，保管人员必须进行一次日常检查，使用前，使用者必须进行日常检查。

（1）工具的日常检查至少应包括以下项目：

1）是否有产品认证标志及定期检查合格标志；

2）外壳、手柄有否裂缝或破损；

3）保护接地线（PE）连接是否完好无损；

4）电源线是否完好无损；

5）电源插头是否完整无损；

6）电源开关动作是否正常、灵活，有无缺损、破裂；

7）机械防护装置是否完好；

8）工具转动部分是否转动灵活、轻快，无阻滞现象；

9）电气保护装置是否良好。

（2）工具使用单位必须有专职人员进行定期检查，检查要求如下：

1）每年至少检查一次。

2）在湿热和常有温度变化的地区或使用条件恶劣的地方还应相应缩短检查周期。

3）在梅雨季节前应及时进行检查。

4）工具的定期检查项目，除前款规定外，还必须测量工具的绝缘电阻，绝缘电阻应不小于表4–3规定的数值。

表4–3　工具的绝缘电阻要求

测量部位	绝缘电阻（MΩ）		
	Ⅰ类工具	Ⅱ类工具	Ⅲ类工具
带电零件与外壳之间	2	7	1

绝缘电阻应使用500V绝缘电阻表测量。

5）经定期检查合格的工具，应在工具的适当部位，粘贴检查“合格”标识。“合格”标识应鲜明、清晰、正确并至少应包括：

a. 工具编号；

b. 检查单位名称或标记；

c. 检查人员姓名或标记；

d. 有效日期。

（3）长期搁置不用的工具，在使用前必须测量绝缘电阻。如果绝缘电阻小于表4-3规定的数值，必须进行干燥处理，经检查合格、粘贴“合格”标志后，方可使用。

（4）工具如有绝缘损坏，电源线护套破裂、保护接地线（PE）脱落、插头插座裂开或有损于安全的机械损伤等故障时，应立即进行修理。在未修复前，不得继续使用。

（5）工具的维修必须由原生产单位认可的维修单位进行。

（6）使用单位和维修部门不得任意改变工具的原设计参数，不得采用低于原用材料性能的代用材料和与原有规格不符的零部件。

（7）在维修时，工具内的绝缘衬垫、套管不得任意拆除或漏装，工具的电源线不得任意调换。

（8）工具的电气绝缘部分经修理后，除应符合使用要求外，还须按表 4-4 的要求进行介电强度试验。

表 4-4　　工具介电强度要求

试验电压的施加部位	试验电压（V）		
	Ⅰ类工具	Ⅱ类工具	Ⅲ类工具
带电零件与外壳之间仅由基本绝缘与带电零件隔离	1250	—	500
带电零件与外壳之间由加强绝缘与带电零件隔离	3750	3750	—

（9）工具经维修、检查和试验合格后，应在适当部位粘贴“合格”标志；对不能修复或修复后仍达不到应有的安全技术要求的工具必须办理报废手续并采取隔离措施。

4.6 真空滤油机

4.6.1 机具介绍

真空滤油机是采用真空蒸发原理及机械过滤方法除去油中水分、气体和机械杂质等的一种装置，如图 4-10 所示。

图 4-10　真空滤油机

4.6.2 使用规定

为保证真空滤油机的使用效果与安全，一般应注意以下事项。

（1）使用方法如下：

1）关闭各阀门，启动真空泵，当真空度接近或达到最高值时，打开进油阀，油液逐步进入真空分离罐。当从观察孔中可以看到油液时，关闭真空泵，打开进气阀，使真空度为零。启动油泵，当有油输出后，立即关闭油泵，这一程序的作用是消除油泵中可能出现的气塞。

2）关闭进气阀，再次启动真空泵，当真空度达到最大值时，打开进油阀，看到油面时，打开出油阀，启动油泵，开始循环。

3）进出油正常后，启动加热器，调整控温值，一般以70℃为宜。

4）若油中水分较多，水蒸气就多，油的表面张力大，高真空时会形成大量泡沫，逐渐升高，最终会被吸入冷凝器并被真空泵抽出。形成“喷油”现象。

5）若油中水分较多，水蒸气就多，那么水箱应接入冷水管，对水箱中热水进行置换，保持水温小于40℃。

6）停机时，先关闭加热器，3min后，再关闭真空泵，打开进气阀，关闭油泵，关断电源，并将水箱中水排尽，下次使用再向水箱加水。

（2）注意事项如下：

1）220kV及以下充油电气设备用油的净化可采用单级真空滤油机，220kV以上充油电气设备的净化应采用双级真空滤油机。

2）根据用油设备的用油量、现场检修的允许时间要求等选择与真空滤油机铭牌标示流量相适应的型号，一般以过滤两个循环不超过8h为宜。

3）现场工地露天作业时，应选用配有棚罩的封闭型拖车式或移动式真空滤油机，室内使用时，可选用无棚罩的敞开型放置式或移动式真空滤油机。

4）在现场使用时，真空滤油机应尽量靠近变压器或汽轮机油箱，吸油管路不宜过长，进出油管径应按制造厂提出的要求选择，尽量减少管路阻力，保证流量。

5）连接管路包括油箱事先必须彻底清洗干净，管路连接紧固密封。

6）严格按照真空滤油机制造厂家规定的操作规程操作，启动滤油机时，须待真空泵、油泵及加热器运行正常并保持内部循环良好后，方可对待净化油品进行净化处理。

7）待净化的油中如含有大量的机械杂质和游离水分，可事先用其他过滤设备（如离心式滤油机、压力式滤油机或聚结分离式滤油机）充分滤除，以免影响滤油机的净化效率或堵塞过滤元件。

8）在油品净化过程中，严防管路系统进气和跑油，避免发生事故。

9）在处理过程中，应严格监视真空滤油机的运行工况（如真空度、油流量、油温等），还应定期检查油品处理前后的质量（对于变压器油如监视油中含气量、水分含量、颜色、击穿电压、介质损耗因数等指标，对于汽轮机油监视酸值、破乳化度、水分含量、清洁度等），以监视真空滤油机的净化效率。

10）在冬季室外作业时，油箱、管路、真空罐等部件应采取保温措施，避免油黏度增大而导致油泵吸油量不足而影响滤油效率。

11）真空滤油机的作业现场，应同时做好防火、防爆等措施，过滤变压器油时，油流速不宜过大，以免产生静电，在变配电站内滤油时还应遵守电业安全工作规程中的有关要求。

12）正在运转的真空滤油机需要中断运转时，应先断开加热电源 5min 后才能停止进出油泵的运转，以防油路中局部油品受热分解产生烃类气体。

4.6.3 维护要求

维护要求如下：

（1）在室外低温环境工作结束后，必须放净真空泵至冷凝器及冷却水箱中的存水，以防低温结冰损坏设备。

（2）滤油机停置不用时，应将真空泵内的污油放尽并注入新油。

（3）应定期检查真空滤油机的冷凝器和加热器。冷凝器散热管内聚集的脏物可以用压缩空气吹扫，防止热交换能力下降。如果发现电加热器的加热元件表面上有积碳，应查明原因并消除，以改善加热器的加热效率。

4.7 砂轮机

4.7.1 机具介绍

砂轮机为放置在适当的工场内并用手握持工件，由固定在该机器主轴上的一个或两个旋转的砂轮，磨削金属或类似材料的机具，如图 4-11 所示。

图 4-11　砂轮机

4.7.2　使用规定

使用的注意事项如下：

（1）使用前连接好电源，检查相序正确，保护接地或保护接零必须牢固可靠，并应有防雨措施。

（2）砂轮机必须装设固定的防护罩，无防护罩时禁止使用。砂轮机必须装设托架。托架与砂轮片的间隙应经常调整，最大不得超过 3mm；托架的高度应调整到使工件的打磨处与砂轮片中心处在同一平面上。

（3）启动砂轮机。

（4）将工件固定在托架上，按需要的角度加工。

（5）旋转方向不得正对其他机器、设备和人。

（6）使用砂轮机时，作业人员必须站在侧面并戴防护镜。不得两人同时使用一个砂轮片进行打磨，不得在砂轮片的侧面打磨，不得打磨软金属和非金属。

4.7.3　维护要求

维护要求如下：

（1）砂轮片有效半径磨损到原半径的 1/3 时，必须更换。

（2）换砂轮片时，砂轮机的砂轮片两侧应加柔软垫片，严禁猛击螺帽。

4.8 砂轮切割机

4.8.1 机具介绍

用于切割各种金属方扁管、方扁钢、工字钢、槽型钢、碳元钢、元管等材料的机具，砂轮切割机如图 4-12 所示。

图 4-12 砂轮切割机

4.8.2 使用规定

使用的注意事项如下：

（1）使用前必须认真检查设备的性能，确保各部件的完好性。

（2）电源隔离开关、锯片的松紧度、锯片护罩或安全挡板进行详细检查，操作台必须稳固，夜间作业时应有足够的照明亮度。

（3）使用之前，先打开总开关，空载试转几圈，待确认安全无误后才允许启动。

（4）操作前必须查看电源是否与电动工具上的常规额定 220V 电压相符，以免错接到 380V 的电源上，不得使用额定功率低于 4800r/min 的锯片。

（5）必须稳握切割机手把均匀用力垂直下切，而且固定端要牢固可靠。

（6）不得试图切锯未夹紧的小工件或带棱边严重的型材（如外径小于 15cm 时）。

（7）为了提高工作效率，对单支或多支一起锯切之前，一定要做好辅助性装夹定位工作。

（8）不得进行强力切锯操作，在切割前要待电机转速达到全速即可。

（9）不允许任何人站在锯后面，停电、休息或离开工作地时，应立即切断电源。

（10）锯片未停止时不得从锯或工件上松开任何一只手或抬起手臂。

（11）护罩未到位时不得操作，不得将手放在距锯片 15cm 以内。不得探身越过或绕过锯机，操作时身体斜侧 45° 为宜。

（12）出现有异常声音，应立刻停止检查；维修或更换配件前必须先切断电源，并等锯片完全停止。

（13）使用切割机如在潮湿地方工作时，必须站在绝缘垫或干燥的木板上进行。登高或在防爆等危险区域内使用必须做好安全防护措施。

4.8.3 维护要求

维护要求如下：

（1）保障切割机的机身整体是否完好、清洁，保证锯片动转顺畅。

（2）由专业人员定期检查切割机各部件是否损坏，对损伤严重而不能再用的应及时更换、修理。

（3）及时增补因作业中机身上丢失的机体螺钉紧固件。

4.9 卷扬机

4.9.1 机具介绍

卷扬机是由电动机通过传动装置驱动带有钢丝绳的卷筒来实现载荷移动的机械设备，典型的卷扬机结构如图 4-13 所示。

4.9.2 使用规定

使用的注意事项如下：

（1）卷扬机的基座必须平稳牢固、周围排水畅通、地锚设置可靠，并应搭设工作棚。操作人员的位置应能看清指挥人和起吊物。

（2）严禁使用不牢固的构架、建筑物作为锚固点。

（3）卷扬机的旋转方向应和控制器标明方向一致，其制动操作杆在最大范围内不得触及地面或其他物品。

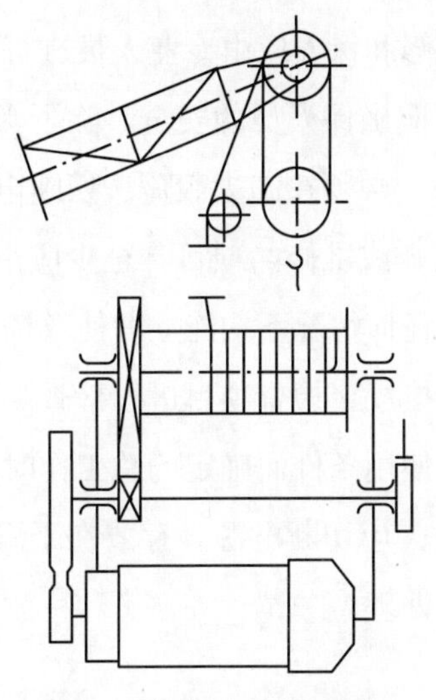

图 4-13　卷扬机结构图

（4）卷扬机卷筒中心与导向滑轮中心线应对准，卷筒轴心线与导向滑轮轴心线的距离，带槽卷筒应大于卷筒宽度的 15 倍；无槽卷筒应大于卷筒宽度的 20 倍。

（5）钢丝绳应从卷筒下方卷入，卷筒上的钢丝绳应排列整齐，当重叠或斜绕时，应停机重新排列，严禁在转动中用手拉脚踩钢丝绳。最外层不得高于卷筒凸缘，工作时卷筒上钢丝绳最少应保留 5 圈。

（6）卷扬机操作员应具备资格，卷扬机操作时有专职指挥。

（7）工作前，操作人员应进行试车，检查其安全装置、防护措施、电气绝缘、接零或接地、离合器、制动装置、保险棘轮、导向滑轮、索具等完全合格后方可使用。

（8）卷扬机发生故障时，必须由专业人员检修、停电或完成作业，应立即断开电源，并将运物或吊笼放至地面。

（9）卷扬机工作时，操作人员与作业人员检修，严禁向滑轮上套钢丝绳，严禁用手扶正钢丝绳和跨越钢丝绳，严禁在各导向滑轮内侧逗留和行走。货物长时间悬吊时，应用棘爪固定。

4.9.3　维护要求

维护要求如下：

（1）卷扬机应进行日常检查和定期检查；对于使用频繁或在特殊地点、环境下使用的卷扬机，还应该增加检查项目。

（2）卷扬机的检查、维修和保养应由专业人员进行。

（3）在检查和维修时，应确保人员的安全。除了必须开机才能检查或维修的项目之外，其他的检查或维修，必须在卸去载荷、切断电源、并锁闭电源开关后才能进行；对于必须开机才能检查或维修的项目，至少应由两人进行，其中一人负责监视其他人员的安全，并且在任何情况下均能立即使卷扬机停止运转。

（4）卷扬机维修后，应按规定检查项目进行检查。

（5）卷扬机达到了按其使用条件而确定的总工作时间后，不应再使用。

（6）卷扬机长期不用时，应切断电源，存放在干燥、通风、防雨和无腐蚀性气体的地方，并适当进行防锈处理。

4.10 弯管（排）机

4.10.1 机具介绍

工程中采用成套弯曲模具进行管道（排件）弯曲的机器设备。弯管（排）机大致可以分为数控弯管（排）机、液压弯管（排）机等。液压弯管（排）机相对于数控弯管（排）设备具有价格便宜、使用方便的特点，电力工程施工中多采用液压弯管（排）机，弯排机如图 4-14 所示。

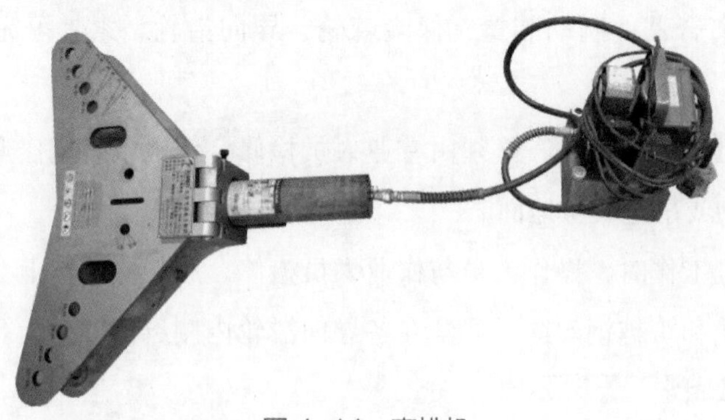

图 4-14 弯排机

4.10.2 使用规定

（1）使用方法如下：

1）按加工管径（或排尺寸）选用模具，并按序号放到位。

2）先空载运转，进行充压和泄压，观察液压顶杆应伸缩自如、无卡滞现象，确认正常后，再套模进行操作。

3）不得在被压管（排）与模具之间加油。

4）调整模具时，应由调整者自己按动按钮进行调整。绝不可一人在机床调整，另一人操作。

5）立弯操作，应确保夹件夹持紧固。

6）操作中，一人对照刻度观察、一人加压，且加压过程中严禁人员手放在顶模前方。

7）工件弯曲到要求刻度，立即停止加压，并考虑一定的回弹量。

（2）弯曲回弹现象及解决办法如下：

1）经过弯管（排）机的机械弯曲后的工件，当夹头放松后，弯角会有一定量的回弹。影响工件回弹率的因素主要有工件材料、材料规格及设备操作三种。

2）对于弯曲回弹现象实际操作中须采用补偿法来加以控制，即通过综合分析弯曲回弹的影响因素，根据弯曲时的各种条件和回弹趋势，预先估算回弹量的大小，在生产过程中实现“过正”弯曲。若要保证弯制过程中能控制好弯制角度，需要操作人员通过多次实操摸索。

4.10.3 维护要求

维护要求如下：

（1）电动液压弯管（排）机电气部分应定期进行检验试验，合格的应在其外壳标贴检验试验合格证，使用前要检查合格证在有效期限内。

（2）电动液压弯管（排）机应设专人保管和保养，经常检查液压系统渗漏油情况，发现有漏油时应及时处理或更换密封垫。

（3）电动液压弯管（排）机应保存在清洁干燥的场所，液压管路的对接口应保持清洁，防止沾染其他油脂和杂物。

（4）检查电动液压弯管（排）机受力夹板应无裂纹及变形，活动夹板、销子完好不变形。

4.11 六氟化硫气体回收装置

4.11.1 机具介绍

断路器中的六氟化硫（SF_6）气体经过放电和电弧的作用，部分 SF_6 气体将进行分解，产生各种有毒的气体和灰色粉状固体分解物。SF_6 气体回收处理装置用于各型充气设备的 SF_6 气体的回收与净化、处理。现场常使用具备气体回收、储存、抽真空的 SF_6 气体回收装置，如图 4–15（a）所示，SF_6 气体处理中心则使用能自动灌瓶、净化纯度更高的净化循环装置，如图 4–15（b）所示。

（a）SF_6 气体回收装置　　（b）SF_6 气体净化循环装置

图 4–15　SF_6 气体回收及处理装置

（1）SF_6 气体回收装置技术条件。SF_6 气体回装置技术条件应符合 DL/T 662—2009《六氟化硫气体回收装置技术条件》的规定，SF_6 气体回收装置的正常使用条件：①周围空气温度，最高温度 40℃（24h 平均值不超过 35℃），最低温度 –30 ~ –10℃；②海拔 1000m 以下；③太阳辐射强度，应考虑达到 1000W/ ㎡（晴天）。

SF_6 气体回收装置的技术参数：

1）最高储气压力：4MPa。

2）回收气体压力：初压不大于 0.7MPa（20℃），终压不大于 0.5MPa，或者终压不大于 1330Pa。

3）回收气体速度（20℃）：将设备容积为 $1m^3$、气体压力为 0.7MPa 的 SF_6 气体回收到容积为 $1m^3$、初压为 2.0MPa 的储气罐中时，气体回收时间为：当设备中残压达到 0.05MPa 时，不超过 0.5 ~ 1h；或当设备中残压达到 1330Pa 时，不超过 1 ~ 2h。

4）充气速度：对初压低于 1330Pa 的 $1m^3$ 设备容积，充 SF_6 气体至 0.7MPa 时，充气时间不超过 0.2h（20℃），即速度为 $5.2m^3/h$。

5）抽真空速度：对设备容积为 $1m^3$、初压为 0.1MPa 的容积、抽真空至残压为 133Pa，速度为 $1.2m^3/h$。

6）SF_6 气体回收装置抽真空时的极限绝对压力：不大于 10Pa。

7）SF_6 气体回收装置抽真空时的真空度保持：在绝对压力 133Pa 下保持 24h，绝对压力上升值：不大于 400Pa。

8）SF_6 气体回收装置对净化 SF_6 气体湿度质量的控制。

9）湿度控制：当气源的 SF_6 气体湿度为 1000μL/L，经一次回收后的 SF_6 气体湿度应小于 80μL/L。

10）油分控制小于 80μg/g。

11）尘埃控制粒径小于 20μm。

a. SF_6 气体回收装置的气体年漏气率小于 1%。

b. SF_6 气体回收装置无故障运转时间不应低于 1000h；累积无故障运转时间不应低于 5000h。噪声水平小于 75dB。

（2）SF_6 气体回收装置的结构与性能要求。

1）结构要求。SF_6 气体回收装置的结构，主要由气体回收系统、充气系统、抽真空系统、储气罐、控制系统等组成。其结构应满足下列要求：

a. 结构布置合理、美观，各部件应具有良好的防锈、防振能力，安装牢固、使用可靠。

b. 各管线的连接、拆装和设备各部件应方便维修、易于操作。

c. 转动部分须有可靠的防护措施，不得危及人身安全。

2）整机性能。SF_6 气体回收装置的结构设计，应能够安全地进行下列各项工作：

a. 对装置本身的储气罐及管路系统抽真空及进行真空测量。

b. 对 SF_6 气体绝缘电器抽真空及进行真空测量。

c. 从 SF_6 气体绝缘电器中回收气体并加以储存及进行残压测量。

d. 对 SF_6 气体绝缘电器充气至额定工作气压。

e. 滤除及吸附 SF_6 气体中的杂质及水分等，净化 SF_6 气体。

3）气路系统。

a. 气体管路应排列整齐、清晰、美观、横平、竖直。

b. 气体管路接头必须牢固可靠，与外部设备相连的接头结构应与 SF_6 气体绝缘电器充气接口配套，连接方便、可靠。

c. 在各种使用条件下，整个气路系统的密封必须良好，气路系统不应给 SF_6 气体带入油、空气、金属粉尘等杂质。

4）储气罐。

a. 储气罐的设计、制造和试验，应按照 GB 150—1998《钢制压力容器》规定进行，并符合 TSG R0004—2009《固定式压力容器安全监察规程》的要求。

b. 储气罐内部应清洁，无遗留杂质，内壁应进行防锈处理，外表面漆层应牢固光洁。

c. 储气罐容积不宜小于 $0.4m^3$，容积过小的应设置充气瓶装置（具有灌气功能）。

d. 储气罐应具有下列装置：压力指示器；超压监视器及安全释放装置；液位监视装置；手孔及排污孔，也可以配备加热装置。

5）气体回收系统。气体回收系统应包括气体压缩机、缓冲器、分离器、过滤器、热交换器、安全阀、止回阀、气体压力表等。有些气体回收装置还应包括真空泵、真空表、冷冻装置。

6）抽真空系统。抽真空系统包括真空泵、真空表（仪表灵敏度小于 10Pa）。抽真空系统应具有防止真空泵油倒流的措施。抽真空系统应具有排气接头，以便连接排气管。

7）过滤器。过滤器设计应能有效地过滤气体中水分和微量固体杂质，使之不重新进入净化后的气体。必要时还应具备过滤 SF_6 气体电弧分解生成物等气态杂质的功能。回收系统和充气系统应分别用各自的过滤器装置。过滤器结构合理，便于活化再生（无此功能的除外），便于更换吸附剂。

8）阀门。各种阀门密封性能必须良好，在任何位置均不应向外泄漏气体，在关阀状态下不应有内部泄漏现象。各种阀门的操作应灵活、可靠，开闭指示应直观、正确。各种阀门应具有良好的防锈能力和较长的使用寿命。

9）面板控制系统。控制面板上应具有以下设施：

a. 装置进出口的压力指示仪表（仪表的精确度不低于 1.5 级）。

b. 反映绝对压力的真空表。

c. 操作系统简图和操作顺序表。

d. 操作阀代号及气体进出口标志。

e. 各种表计应性能可靠，排列位置适当，安装牢固。操作系统图应清晰明了，各种仪表及阀门操作把手处于图中相应位置，便于操作。

10）相序指示器及电源开关。为了防止真空泵电动机反转，应安装相序指示器。SF_6 气体回收装置采用的电源总开关应便于改变相序或安装自动换相装置。

11）移动式 SF_6 气体回收装置的移动轮大小适中，转动方向灵活，便于现场移动。

12）接地。SF_6 气体回收装置应有可靠的接地。SF_6 气体回收装置应设置专用的接地螺栓，并置于明显的位置和具有接地符号标志。

13）铭牌。出厂的每台 SF_6 气体回收装置应具有字迹清晰、不易磨损的产品铭牌。铭牌应包括下列数据：

a. 制造厂名称和商标。

b. 产品型号及名称。

c. 装置极限绝对压力。

d. 回收初压力。

e. 回收终压力。

f. 回收气体速度。

g. 充气速度。

h. 抽真空速度。

i. 最大储气量及储存方式。

j. 电源电压及功率。

k. 装置的重量。

l. 装置的外形尺寸。

m. 出厂编号。

n. 出厂年月。

铭牌的位置在产品处于正常安装位置时应可见，铭牌形式及尺寸应符合《产品标准铭牌的规定》。

4.11.2 使用规定

一般地，在利用 SF_6 气体回收装置抽真空时，必须由专人监视真空泵的运转情况，以防止因运转中停电、停泵，避免真空泵中的油倒吸入 SF_6 断路器内，造成严重后果。

（1）主要操作步骤（DILO 经济型 /L 系列）：

1）回收车抽真空程序。

a. 打开排气球阀，泄放装置的过压；

b. 将“功能”开关切换到“O”，手动操作；

c. 手动打开操作面板上所有的电磁阀并启动真空泵；

d. 然后用真空泵对整个管路和压力容器抽真空到小于 1mbar 的真空度；

e. 关闭真空泵。

2）气室抽真空操作程序：

a. 将气室连接到回收车上；

b. 将“功能”开关切换到“1”，抽真空上；

c. 启动“自动”功能。

3）气室排气：

a. 将气室连接到回收车上；

b. 打开排气阀，等待压力补偿均衡。

4）SF_6 的回收与储存：

a. 将气室连接到回收车上，最后在连上储存罐；

b. 将“功能”开关切换到“2”，SF_6 的回收与储存；

c. 启动“自动”功能；

d. 回收到压力低于 –0.1MPa 时，先关闭外部总阀，再停机。

5）灌瓶程序：

a. 利用充气软管将 SF_6 气瓶连接到“高压压缩机出口”接头上；

b. 将“功能”开关切换到“O”，手动操作；

c. 打开编号为 12 的减压阀；

d. 打开电磁阀；

e. 启动“压缩机”操作；

f. 回收后，拆下充气软管，并打开压缩机后面的电磁阀，以便压力补偿均衡。

（2）注意事项。

1）检查压缩机、真空泵，制冷机组机油油位是否正常、无漏油，如长时间没用，还应充入 N_2 检查管道气密性。

2）接好电源后检查电机转向是否正确，外接电源线必须可靠接地。

3）充气时，若为液态储存形式，则一定要注意观察质量（≯ 1kg/L）。

4）回收完毕（到 -0.1MPa），应先关闭总阀，再停机。

4.11.3　维护要求

维护要求如下：

（1）定期更换真空泵油，压缩机油。

（2）装置回收气体达到厂家规定时，应对分子筛再生处理。

（3）装置累计运行达到厂家规定要求时，进行整体维护、保养，更换干燥器。

4.12　电焊机

4.12.1　机具介绍

电焊机是利用正负两极在瞬间短路时产生的高温电弧来熔化电焊条上的焊料和被焊材料，来达到使它们结合的目的。尽管绕组形式不同，但电焊机本质是一个大功率变压器，一般按输出电源种类可分为两种，一种是交流电源的；另一种是直流电源的，电气工程中一般采用前者，电焊机如图 4-16 所示。

图 4-16　电焊机

4.12.2　使用规定

（1）人员要求。电焊操作属于特种作业范畴，对操作人员有以下要求：

1）必须经有关部门安全技术培训，取得特种作业操作证后，方可操作上岗。

2）电焊操作人员必须熟悉触电急救心肺复苏法。

（2）使用方法。

1）连接电焊机电源，检查电源正确，接线良好。

2）清除电极油污，将接地极接好。

3）摆放好工件，加工坡口符合焊接要求，并清洁焊口。

4）根据焊接对象调整好焊机电流设置。

5）启动电源，检查焊机无异常。

6）焊机使用防护面罩，戴护目眼镜，使用电焊手套。

7）焊接时保持焊条与工件距离，对焊口较宽的，应多次施焊，确保焊机质量。

8）及时清除焊渣，操作时戴护目眼镜，头部避开敲击焊渣飞溅方向。

（3）注意事项。

1）电焊机必须有完整的保护外壳，一次线接线柱处必须有保护罩。

2）现场使用电焊机应设有可防雨、防潮、防晒、防砸的机棚，并备有消防用品。

3）电焊机、焊钳、电源线以及各接头部位要连接可靠，绝缘良好，不允许接线处发生过热现象，电源接线端头不得外露，应用绝缘布包扎好。

4）电焊机与焊钳间导线长度不得超过30m，如特殊需要时，也不得超过50m。导线有受潮、断股现象立即更换。

5）电焊线通过道路时，必须架高或穿入防护管内埋设在地下，如通过轨道时，必须从轨道下面穿过。

6）在载荷施焊中焊机温升不应超过A级60℃、B级80℃，否则应停机降温后，再进行焊接。

7）电焊机工作场地应保持干燥、通风良好。移动电焊机时，应切断电源，不得用拖拉电缆的方法移动焊机，如焊接中突然停电，应切断电源。高处焊接或切割时，必须使用防火型安全带并正确使用，焊件周围和下方应采取防火措施并有专人监护。

8）雨天不得露天电焊。在潮湿地带作业时，操作人员应站在铺有绝缘物品的地方并穿有绝缘鞋。

9）施焊现场10m范围内不得堆放氧气瓶、乙炔瓶、木材等易燃物。

10）作业后清理现场，熄灭火种，切断电源，锁好闸箱，消除焊料余热后方可离开。

4.12.3 维护要求

日常维护以操作人员为主，维修人员为辅，注意包括：

（1）检查焊机输出接线规范、牢固，并且出线方向向下接近垂直，与水平夹角必须大于70°。

（2）检查电缆连接处的螺钉紧固，平垫、弹垫齐全，无生锈氧化等不良现象。

（3）检查接线处电缆裸露长度小于10mm。

（4）检查焊机机壳接地牢靠。

（5）检查焊机电源、母材接地良好、规范。

（6）检查电缆连接处要可靠绝缘，用胶带包扎好。

（7）电源线、焊接电缆与电焊机的接线处保护罩是否完好。

（8）焊机冷却风扇转动是否灵活、正常。

（9）电源开关、电源指示灯及调节手柄旋钮是否保持完好，电流表、电压表指针是否灵活、准确，表面清楚无裂纹，表盖完好且开关自如。

（10）检查焊机外观是否良好、无严重变形。

（11）电焊钳有无破损、上下罩壳是否松动影响绝缘，罩壳紧固螺钉是否松动、与电缆连接牢固导电良好。

（12）每周彻底清洁设备表面油污一次。

（13）每半月对电焊机内部用压缩空气（不含水分）清除一次内部的粉尘（一定要切断电源后再清扫）。在去除粉尘时，应将上部及两侧板取下，然后按顺序由上向下吹，附着油脂类用布擦净。

按照“日常维护”项目进行，并增加下列工作。

（1）检查各线路及零附件是否完好。

（2）熔丝检查是否符合要求，如发现已氧化、严重过热、变色应更换熔丝。

（3）电流调节装置，应符合调节范围的要求。

（4）检查设备各部润滑情况。

4.13 冲孔机

4.13.1 机具介绍

冲孔机可用于设备线夹及铜铝排等的冲孔，利用液压泵输出压力，推动活塞向下运动，带动上模（凸模）下行冲孔。图 4-17 所示型号为 HPT-70/22 冲孔机实物及其结构。

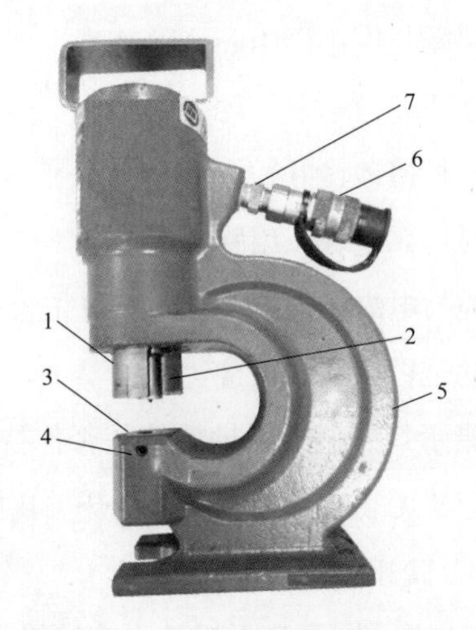

图 4-17　冲孔机实物及部件名称

1—凸模锁紧螺钉；2—凸模；3—凹模；4—凹模锁紧螺钉；5—机体；6—快速接头；7—过渡接头

4.13.2 使用规定

（1）使用方法如下：

1）配套选择冲孔机与液压泵，液压泵应满足冲孔机输出压力需求。

2）根据冲孔工件需求选择合适模具，上、下模具规格须一致，否则易损坏模具。

3）安装模具，通过高压液压管道连接冲孔机到液压泵上，检查连接到位。

4）接通电源，检查启停及凸模运动正常。

5）冲孔前，新安装冲孔模具应小心对模，操作液压泵使凸模缓慢靠近凹模，观察模具配合间隙周圈是否均匀一致，并在需要冲孔的部位做好标记。

6）一人对正扶稳工件，凸模尖端对准样冲点，另一人操作液压泵。

7）冲孔到位后，应立即泄压使活塞退回，以免复位弹簧长期压缩造成疲劳，影响使用寿命。

8）全部工作结束后，务必将液压泵完全泄压，确认活塞完全退回，然后拆下快速接头，并立即盖好防尘帽。

（2）注意事项如下：

1）操作人员应经培训合格，并按说明书要求进行操作。

2）确保快速接头清洁后连接到位，否则可能无法完全回油。

3）液压泵油管中有压力时，快速接头将无法连接，应泄压后再行连接。

4）禁止在有明火或温度过高的场所使用冲孔机。

5）冲孔时，液压泵油管应舒展放置且不应受到挤压，并保持防尘帽清洁。

6）完全泄压前，禁止拆卸快速连接接头。

（3）活塞不动作或上模卡在孔里处理方法。出现此故障现象应是压力不够或无压力传输过来或液压泵缺油，处理方法如下：

1）首先检查泵的工作压力是否正常，确认快速接头是否连接可靠、正确，检查液压泵油位是否正常，三者都会造成输出压力不足或异常。

2）如果泵、快速接头及液压泵油位都没问题，可能是冲孔机内部出现故障，应联系厂家服务人员进行处理。

4.13.3 维护要求

维护要求如下：

（1）定期对冲孔机进行校验，不合格的应及时修理或报废。

（2）冲孔机存放于干燥安全地点，远离热源。

（3）新的或长期未使用的冲孔机，使用前应进行排气处理：将冲孔机快速接头朝上，使活塞空载来回运动五次以上即可完成排气工作。

（4）工作时给冲模涂上适量的润滑油能使冲模使用寿命延长。

（5）移动冲孔机时，勿拽拉连接的液压油管，以免快速接头受力，造成损坏。

（6）冲孔机体上所有零部件切勿随意拆卸，发现有螺钉松动应及时拧紧。

4.14 压接机

4.14.1 机具介绍

压接机是进行导线接续压接的工具，分为液压压接机、大吨位压接机、绝缘端子压接机、压接钳等。虽然型号众多，但在操作规范和维护方式上却大同小异，本节介绍分体式液压压接机，其利用液压泵输出压力，推动钳体活塞向上运动，带动下模上行与上模合模，保持至预设压强值后，完成线夹接续管、电缆接线端子等压接工作，型号为 RHC-251U 压接机实物及其结构组成如图 4-18 所示。

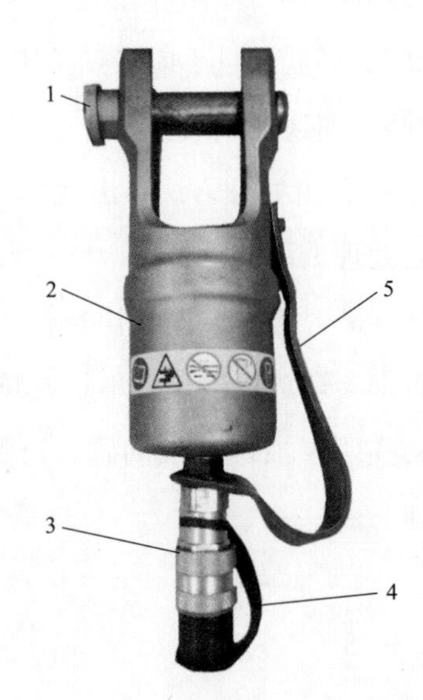

图 4-18　压接机实物及部件名称

1—插销；2—钳体；3—快插公接头；4—防尘帽；5—安全扣

4.14.2 使用规定

（1）使用方法如下：

1）配套选择压接机与液压泵，液压泵应满足压接机输出压力需求。

2）根据压接工件需求选择合适模具，上、下模具规格须一致，模具应区分钢模、铝模、铜模（如 L36/G16/T27），规格一般从对应 LGJ-96 至 LGJ-1440。

3）通过高压液压管道连接压接机到液压泵上，快插接头连接时将油管的快插母头上的圆环旋转至凹槽对准止位销后，向后推即可与压接机的公接头进行连接，松开圆环可自动锁住。

4）压模安装时，拔开模具插销，先装下模、后装上模，下模装入前确认活塞清洁且无任何异物，然后将下模导向槽对准钳体上的导向槽进行安装，上模安装孔对准钳体上定位孔，将插销插入即可。

5）接通电源，检查启停及上下模运动正常。

6）选取工件试压一次，压接完毕用游标卡尺检查压接管对边距离小于 $0.886D$（D 为压接管外径），验证模具是否选取正确。

7）压接时，一人对正扶稳工件，另一人操作液压泵。

8）上、下模合模后，继续升压至预先设定的压强值后方可泄压。

9）泄压后方可移动工件，工件移动后应保持平直，且角度与原先一致，并保证相邻两模重叠 5mm 以上。

10）到位后，应适时泄压使活塞退回，以免压力持续上升，影响使用寿命。

11）全部工作结束后，务必将液压泵完全泄压，确认活塞完全退回，然后拆下快插接头，并立即盖好防尘帽。

（2）注意事项如下：

1）作业人员应经培训合格，并按说明书要求进行操作。

2）确保快插接头清洁后连接到位，否则可能无法完全回油。

3）液压泵油管中有压力时，快插接头将无法连接，应泄压后再行连接。

4）禁止在有明火或温度过高的场所使用压接机。

5）压接前，确认模具插销插入到位、可靠，并保持需压接的工件水平放置。

6）压接时，液压泵油管应舒展放置且不会受到挤压，并保持防尘帽清洁。

7）完全泄压前，禁止拆卸快插连接接头。

（3）活塞不动作或上、下模压不紧处理方法。

出现此故障现象应是压力不够或无压力传输过来或液压泵缺油，处理方法如下：

1）首先检查模具是否正确。

2）检查泵的工作压力是否正常，确认快插接头是否连接可靠、正确，检查液压泵油位是否正常，三者都会造成输出压力不足或异常。

3）如果泵、快插接头及液压泵油位都没问题，可能是压接机内部出现故障，应联系厂家服务人员进行处理。

4.14.3 维护要求

维护要求如下：

（1）定期对压接机进行校验，不合格的应及时修理或报废。

（2）压接机存放于干燥清洁地点，远离热源。

（3）新的或长期未使用的压接机，使用前应进行排气处理：将钳体放倒，快插接头朝上，使活塞空载来回运动五次以上即可完成排气工作。

（4）定期进行清理，保持模座和活塞清洁，以防灰尘或异物进入钳体损坏密封圈。

（5）移动压接机或液压泵时，勿拽拉连接的液压油管，以免使得快插接头受力，造成损坏。

（6）压接机钳体上所有零部件切勿随意拆卸，发现有螺钉松动应及时拧紧。

4.15 氩弧焊机

4.15.1 机具介绍

氩弧焊机就是能够进行氩弧焊的电焊机。氩弧焊是使用惰性气体氩气作为保护气体的一种气电保护焊的焊接方法，氩气通过喷嘴形成隔绝空气的保护层，使电弧不被氧化，利用电弧热熔化焊接材料和母材，将被焊金属连接在一起，获得牢固的焊接接头。氩弧焊根据电极材料的不同可分为钨极氩弧焊（不熔化极）和熔化极氩弧焊；根据其操作方法可分为手工、半自动和自动氩弧焊；根据电源又可以分为直流氩弧焊、交流氩弧焊和脉冲氩弧焊。型号为 WSE-315 交直流氩弧焊机操作面板如图 4-19 所示。

4.15.2 使用规定

（1）使用方法如下：

1）连接电焊机电源，检查电源正确，接线良好。

2）根据施焊工件材质，选择所需焊接电压、极性、钨棒直径、电流大小、气体流量等工艺参数。

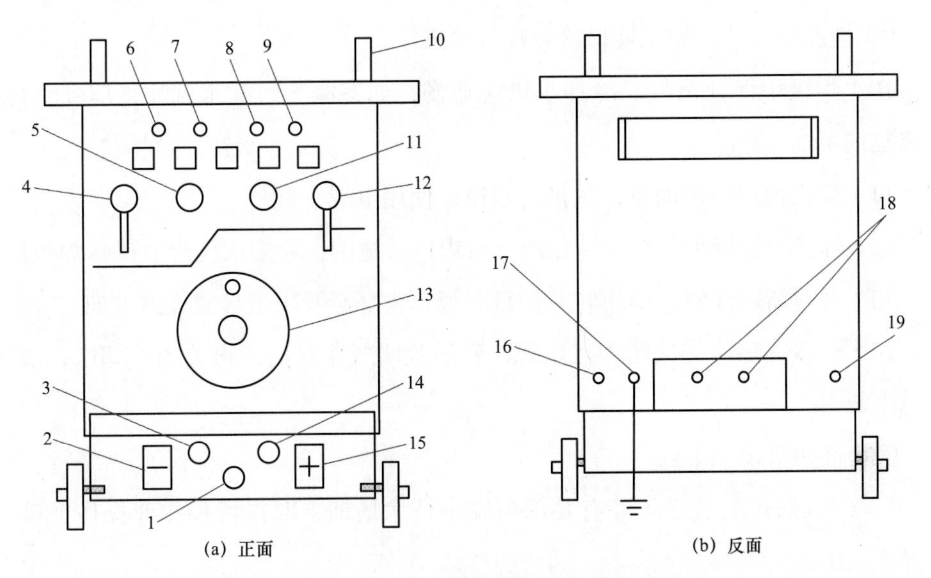

图 4-19　WSE-315 交直流氩弧焊机操作面板图

1—控制插口；2—输出负端；3—冷却水出口；4—交直流转换开关；5—收弧时间；6—水冷指示；7—2A 保险管；8—5A 保险管；9—电源指示；10—吊环；11—气体延时；12—电流大小挡开关；13—电流调节摆把；14—气体出口；15—输出正端；16—气体入口；17—接地端；18—电源 380V；19—冷却水入口

3）钨极氩弧焊一般采用直流正接（工件接正极、焊枪接负极），熔化极氩弧焊一般采用直流反接（工件接负极、焊枪接正极）。而焊接铝、镁及其合金一般采用交流氩弧焊，其薄件（3mm 以下）也可采用钨极氩弧焊的直流反接方式。

4）焊接电源与焊接点保持足够的安全距离（3m 以上），焊机在运输使用中防止振动。

5）安装氩气减压阀时，避免站在接口前方，且接口不得沾有油污，使用时气瓶须竖直固定摆放，并离焊接点足够的安全距离（3m 以上）。

6）钨极氩弧焊前，须将工件焊缝及其两侧 20mm 内清理干净，采用有机溶剂（如丙酮、汽油、无水酒精）、不锈钢丝刷或铜丝刷清除表面的氧化层、油污、锈迹及水分等。

7）对焊机进行全面检查，确认接线良好、正确，无异常、隐患现象，开启电源。

8）合上总电源开关，首先开启冷却水，然后打开氩气钢瓶阀门，调节阀门，保持氩气有一定流量，再开启焊机电源，空载运行正常后再进行焊接，并严格按照说明书要求进行操作。

9）摆放好工件，加工坡口符合焊接要求。

10）焊接中保证氩气、冷却水供应通畅，如有漏气、漏水现象，应停止焊接，未修复前不准焊接。

11）焊机使用防护面罩，戴护目眼镜，使用电焊手套。

12）焊接时保持焊条与工件距离，对焊口较宽的，应多次施焊，确保焊机质量。

13）及时清除焊渣，操作时戴护目眼镜，头部避开敲击焊渣飞溅方向。

14）焊接完后应先关闭焊机电源，然后关闭气瓶阀门，再关闭冷却水，最后关闭总电源。

（2）注意事项如下：

1）焊机操作人员必须经有关部门安全技术培训，取得特种作业操作证后，方可操作上岗。

2）操作人员必须熟悉灭火技术、触电急救及人工呼吸法。

3）焊机电源及外壳须可靠接地，电缆或绝缘有破损，禁止使用。

4）氩弧焊弧光强烈、热量集中，工作时必须穿戴好工作服、焊帽（防护面罩）、手套等防护用品，避免电弧灼伤、烧伤。

5）为防止触电，工作附近地面应覆以绝缘垫，操作人员穿好绝缘鞋。雨天不得进行露天电焊。

6）焊接伴有大量烟尘，工作场所应通风良好，必要时佩戴防毒面具，不准在电弧附近吸烟、进食，以免臭氧烟尘吸入体内。

7）焊接产生光、热辐射及焊物飞溅，须将场所附近易燃、易爆气体、物品清除，且应配备足够的消防器材，防止发生火灾，并设有专人监护。

8）严禁在带有压力、承力结构、油漆未干或有剧毒的工件上进行焊接工作。

9）现场使用的氩弧焊机，应设有防雨、防潮、防晒的措施。

10）打磨钨棒时，须戴口罩、手套，必要时增设抽风装置，优先选用铈钨极，并遵守砂轮机操作规程，磨削的粉尘应及时清除。

11）焊接电缆应分开摆放整齐，如需穿过检修过道应走地下电缆通道或设置防护罩。

12）调整、拆卸或更换钨棒时，须先切断电源。

13）操作人员离开工作场所或焊机未使用时，须切断电源。

14）焊接过程中应避免钨棒与工件、焊丝接触短路。

15）若焊机发生故障，应由专业人员负责修理，检修时应做好防电击等安全措施。

16）作业完毕后，焊接人员须及时脱去工作服，清洗手脸和外露的皮肤。

（3）氩弧焊常见缺陷产生原因及其处理方法（见表 4-5）。

表 4-5　氩弧焊常见缺陷产生原因及其处理方法

焊缝缺陷	产生原因	处理方法
焊缝余高	1）焊接层数选择不当； 2）焊接速度选择不当； 3）焊接规范选择不当； 4）枪头摆动幅度选择不当	1）选择合适的焊接层数； 2）选择合适的焊接速度； 3）选择合适的焊接规范； 4）选择合适的枪头摆动幅度
焊缝宽窄不均匀	1）焊接规范不稳定； 2）操作不稳定； 3）焊接速度不均匀	控制电弧长均匀
咬边	1）焊接速度过快； 2）焊接电压过高； 3）焊接电流过大； 4）停顿时间不足； 5）焊枪角度选择不当	1）适当放慢速度； 2）降低电压； 3）减小电流； 4）增加坡口两边停留时间； 5）调整焊枪角度以利克服咬边
气孔	1）氩气保护的覆盖率不够； 2）氩气纯度不够； 3）焊丝被污染了； 4）坡口被污染了； 5）电压太高，电弧太长； 6）焊丝外伸太长，飞溅大	1）增大氩气流量，但不能太大否则产生紊流对保护不利，检查防风措施； 2）使用合格的氩气，不同的母材使用不同纯度的氩气； 3）使用清洁干净的焊丝； 4）用物理、化学、机械清理的办法清理坡口及两侧焊接区域的油、水、锈、污物等； 5）降低电压，压低电弧
夹渣（钨）	1）打钨极，钨极与焊件接触； 2）电流过大或过小	1）引弧时，钨极与工件要有一定距离； 2）电流调至合适大小
裂纹	1）接缝结构设计不合理； 2）热输入太大； 3）坡口太窄（尤其是根部）； 4）焊缝根部弧坑处冷却过快； 5）坡口内杂质过多，形成低熔共晶物	1）选择便于焊接的凹槽结构； 2）降低电流、电压，适当提高焊速； 3）降低焊速，增大焊接截面； 4）通过回焊技术，将弧坑填满，消除弧坑； 5）清除坡口内杂质

续表

焊缝缺陷	产生原因	处理方法
未熔合与未焊透	1）焊缝区有油膜或过量的氧化物； 2）坡口热输入不足； 3）坡口太宽； 4）坡口角度太小； 5）焊接速度太快	1）焊接之前，用物理、化学、机械方法除油和氧化物； 2）增加电流和电压及降低焊接速度； 3）焊枪要均匀摆动，在坡口边做即刻停留，使焊枪直接指向坡口两侧，坡口角度要足够大以便根部焊接； 4）降低焊接速度； 5）减小对口间隙
焊瘤	焊接速度太慢及电流选择不合适	提高焊速、选择适当电流
弧坑	收弧时未停留	收弧时做适当的停留使金属填满弧坑再收弧
电弧擦伤	操作不当（引弧不当）	机械打磨处理
过烧	1）焊接能量太大； 2）焊接层温太高	1）降低电流电压、提高焊速； 2）降低层温
焊接飞溅	电流太高，焊速太快	降低电流和焊速

4.15.3 维护要求

维护要求如下：

（1）氩弧焊机存放于干燥通风地点，定期进行检验，不合格的应及时修理或报废。

（2）定期检查焊接电缆，绝缘有无破损、受潮，如有缺陷应及时予以修复。

（3）定期检查焊机冷却水、供气系统的工作情况，发现堵塞或泄漏时应及时处理，防止烧坏焊枪和影响焊接质量。

（4）定期进行焊机内部清洁工作，拆下外壳，用干燥气流清洁内部各部件。

（5）定期检查焊机内部的紧固螺钉、引线接头有无松动，发现隐患及时消除。

（6）定期检查火花放电器，如发现高频火花减弱，不易起弧，可适当调整火花放电器的间隙，达到引弧最佳状态。

（7）定期检查主回路及高频振荡回路，确认各接点连接良好，无虚焊、脱焊现象。

（8）焊炬应轻拿轻放，绝缘护套固定良好，保持清洁干燥，禁止其接触水、油或其他液体和粉尘，焊接电缆禁止踩压。

（9）钨棒不得随身携带，贮存时宜放置在铅盒内。

（10）氩气瓶存在于阴凉通风处，定期检查压力是否正常，压力表应按期送检，确保合格，读数正确。

附录A　断路器测速原理及定义

A1　测试原理

（1）普通金属触头断路器的时间测量。当计算机发出分、合闸控制信号时，启动计算机计时器，持续同时对多路断口信号进行扫描采样、计时，一旦检测到断口信号状态发生改变，即停止计时，为断口的分、合闸时间。

（2）石墨触头（非金属触头）断路器的时间测量。在每相断口上加 10A 恒流源，断路器分、合闸过程中，仪器自动记录断口石墨触头接触电阻的动态变化过程，绘制成每相石墨触头的动态电阻的电压变化曲线，由计算机自动判别动静触头的刚分、刚合点，从而准确得到石墨触头的时间、同期值，整个过程皆由计算机自动记录、自动分析完成。

A2　速度定义

断路器的设备厂家和型号繁多，各个厂家对于断路器分、合闸速度的定义也不尽相同，一般以断路器分、合闸过程中刚分、刚合点为基准点，计算一定时间、行程区间内的平均速度，作为断路器的分、合闸速度。

根据开关厂家、型号分类，具体归纳为：合前分后 10ms 内的平均速度、合前分后 8ms 的平均速度、合前分后 10mm 行程内的平均速度、10% 到断口、40% 行程到断口、80% 总行程内的平均速度、合前 36mm 行程分后 72mm 行程内的平均速度等。这些速度均为厂家定义速度，定义时所用行程是断路器名义行程，与断路器动作时的实测行程不同，名义行程一般根据厂家给出的标准名义行程设定，也可以根据现场实测行程，按照厂家给出的名义行程与实测行程换算关系计算获得。如西开公司 LW15-550 型断路器，机构垂直拉杆实测行程为 140mm，按比例换算到灭弧室后行程为 230mm，速度测试时应按照 230mm 的名义行程设定。下面介绍几种比较常见的速度定义。

（1）合前分后 10ms。

合闸速度定义：合闸点前 10ms 的平均速度。如图 A1 所示，t 取 10ms，$v_1=\frac{h_1}{t}$（其中 v_1 为合闸速度，h_1 为合闸超程）；

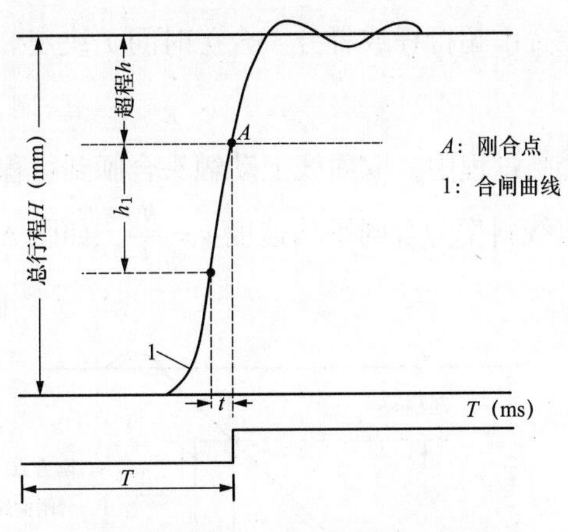

图 A1　断路器合闸速度定义示意图

分闸速度定义：分闸点后 10ms 的平均速度。如图 A2 所示，t 取 10ms，$v_2=\dfrac{h_2}{t}$（其中 v_2 为分闸速度，h_2 为分闸超程）。

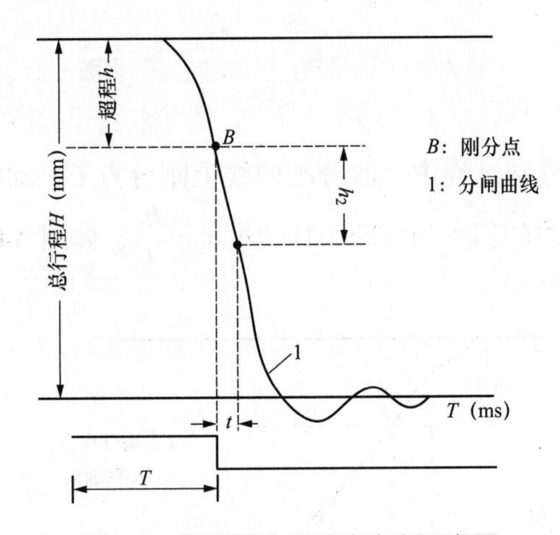

图 A2　断路器分闸速度定义示意图

刚分（合）点的位置由超行程或者分（合）时间 T 决定。

（2）合前分后 10mm。

合闸速度定义：如图 A1 所示，刚合位置 A 至合闸前 10mm，即 h_1=100mm，得到时间 t，由此可以得到平均合闸速度 $v_1=\dfrac{h_1}{t}$。

分闸速度定义：如图 A2 所示，刚分位置 B 至分闸后 10mm，即 h_2=100mm，得到时间 t，由此可以得到平均分闸速度 $v_2=\dfrac{h_2}{t}$。

刚分（合）点的位置由超行程或者分（合）时间 T 决定。

（3）“10%”到断口。

合闸速度定义：合闸过程中，取曲线上动触头合闸到行程的 10% 为 B 点，刚合点为 A 点，两点所作直线斜率为合闸平均速度 $v_1=\dfrac{h_1}{t}$，如图 A3 所示。

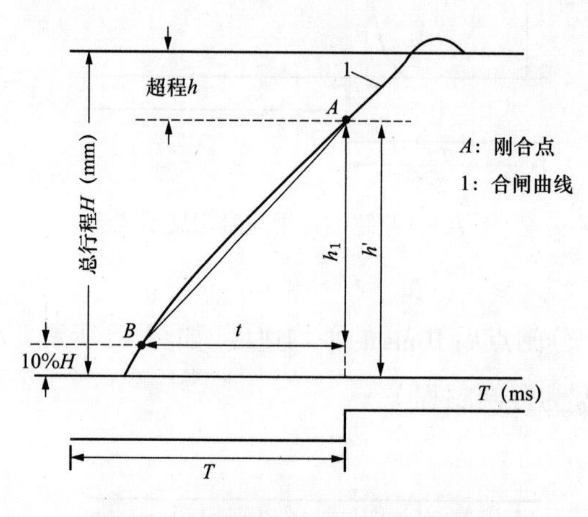

图 A3　断路器合闸速度定义示意图

分闸速度定义：分闸过程中，取分闸曲线上刚分点 C，动触头分闸到行程 90% 为 D 点，两点所作直线的斜率为分闸平均速度 $v_2=\dfrac{h_2}{t}$，如图 A4 所示。

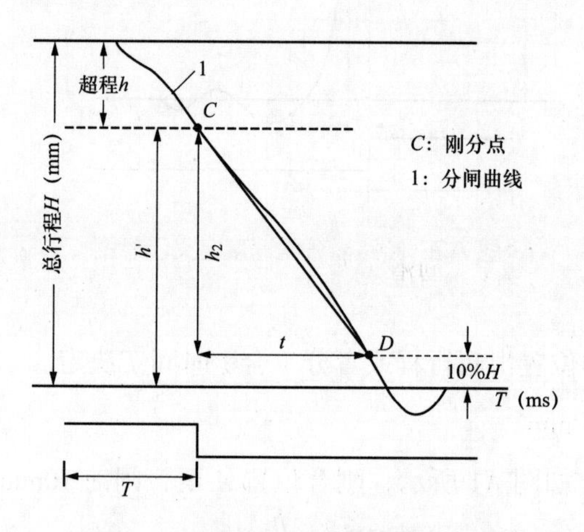

图 A4　断路器分闸速度定义示意图

刚分（合）位置 = 总行程 – 超行程或分（合）闸时间 T 决定。

其余速度定义均可参照上述 3 种定义理解。

A3 速度传感器

1. 传感器分类

（1）滑线电阻传感器。如图 A5 所示，根据断路器总行程值，选配一根适当长度、线性度良好的滑线变阻器。中间滑动端连接到开关动触头（或提升杆）上，随动触头的运动而滑动，变阻器滑片采样变动的电压值，输入到计算机经 A/D 采样，进行数据处理，绘制成时间—电压（即时间—行程）特性曲线，经计算机按各厂家关于速度的定义进行数据处理得出速度值。

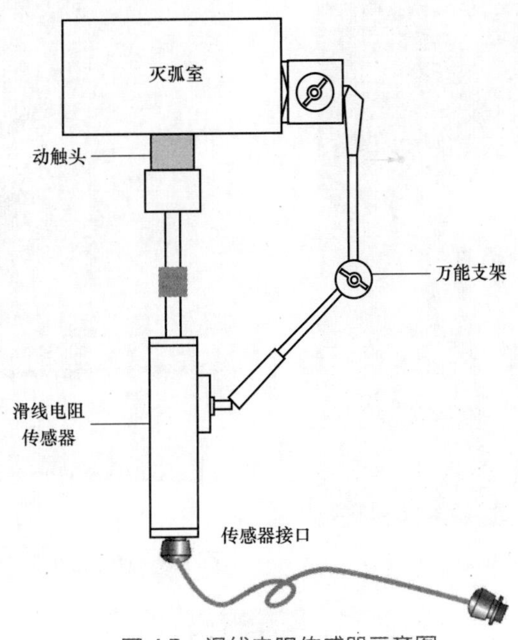

图 A5　滑线电阻传感器示意图

（2）旋转传感器。如图 A6 所示，旋转传感器分为旋转光电编码器和旋转变阻器两种，基本电气原理与直线型滑线变阻器相同，就是通常所说的角速度传感器。

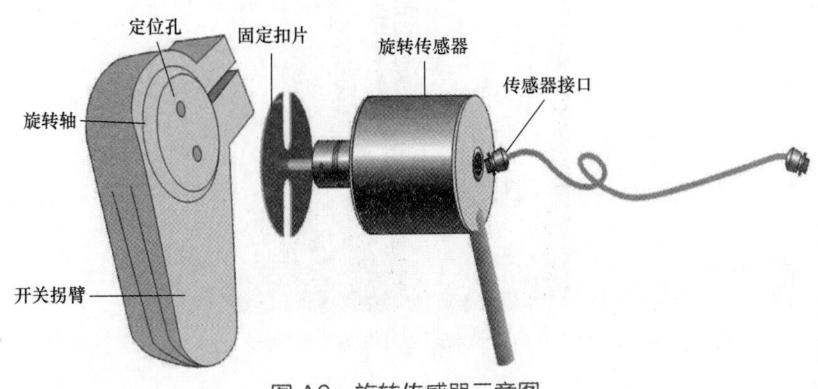

图 A6　旋转传感器示意图

（3）加速度传感器。加速度传感器采集的是动触头运动时的加速度信号，需对其进行一系列数学运算，最终得到所需的时间—行程特性曲线。加速度传感器一般安装在操动机构的提升杆或水平拉杆上，只有运动部分，无静止部分，安装和拆卸都很方便，适用于各种工程现场对各类开关的快速测量。

2. 传感器安装

传感器的现场安装示意图如图 A7 ～图 A9 所示。

图 A7　旋转传感器的安装

图 A8　加速度传感器的安装

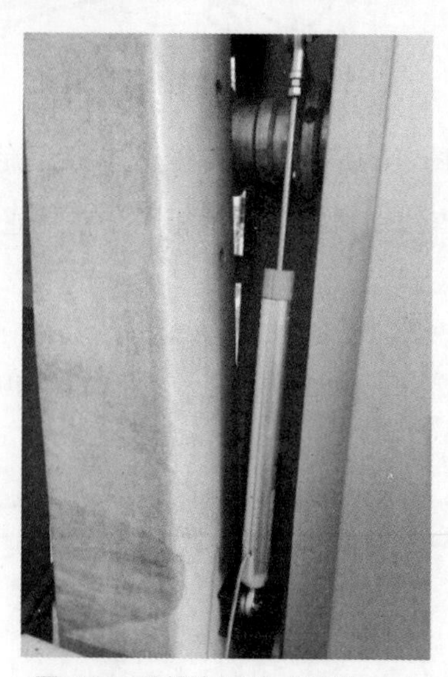

图 A9　滑线电阻传感器的安装

3. 安装注意事项

（1）安装前，应让断路器分、合一次，对预先安装位置做好标记，观察断路器运动的轨迹和位置，防止测试过程中损坏仪器设备；正式安装传感器前，应检查断路器处于未储能状态，防止在安装传感器过程中，断路器误动作，导致机械伤人。

（2）滑线电阻传感器要保持传感器的拉杆与开关动触头的运动方向平行和同步，现场安装使用需要较丰富的经验。

（3）旋转传感器的安装时，传感器的轴应尽量与开关旋转轴保持同心，否则传感器旋转有阻碍，测出曲线的毛刺会很重，影响测试数据的准确性。

（4）加速度传感器安装时要根据动杆的粗细选用相应半径的传感器安装牢固，另外传感器的上下左右要留足够的空间，不致使传感器在运动过程中与周围开关部件相撞，造成损坏。

（5）测试信号线与传感器运动轨迹保持一致，并留有足够的裕度，防止在断路器动作过程中拉扯信号线，影响测试数据的准确性。

部分型号 10 ~ 500kV 高压断路器动作特性参考参数见表 A1。

表 A1 部分型号 10 ~ 500kV 高压断路器动作特性参考

序号	电压等级(kV)	断路器型号	生产厂家	额定电流(A)	回路电阻(μΩ)	固分时间(ms)	固合时间(ms)	刚分速度(ms)	刚合速度(ms)	速度定义	三相合同期差(ms)	三相分同期差(ms)	同相合同期差(ms)	同相分同期差(ms)	弹跳时间(ms)	金属短路时间	行程(mm)	备注1	备注2
1	35	OHB-40.5/1600-31.5	厦门ABB	1600	≤35	35 ~ 55	50 ~ 85	2.0 ~ 2.7	2.4 ~ 3.1		≤3	≤3				≤70	77 ~ 84取82		
2	35	LTB72.5E1	北京ABB	4000	≤49	15 ± 2	≤55	8.2 ~ 8.6	4.5 ~ 4.8		≤5	≤3				35 ~ 42			
3	10	ZN128-12/T3150-31.5	顺德森源	3150	25	20 ~ 50	30 ~ 70				≤2	≤2			≤2				
4	10	ZN128-12/T1250-31.5	顺德森源	1250	45	20 ~ 50	30 ~ 70				≤2	≤2			≤2				
5	35	LW34C-40.5	平高	2500	40	30~45	30~60	3.1 ± 0.6	2.9 ± 0.4		≤3	≤2				≤130			
6	35	LW36-40.5W/T2500-31.5(H)	江苏如高	2500	≤40	32~50	70 ± 8	3.0 ± 0.3	2.5 ± 0.3		≤3	≤2							
7	110	LW36-126	北开	3150	≤45	35 ~ 42	75 ± 10	4.2 ~ 5.0	3.5 ± 0.5		≤5	≤3				≤60	起程27 ~ 30 行程120 ~ 123	标准型线圈	
8	110	LW36-126/3150-40	北开	3150	≤45	28 ~ 35	60 ± 10	4.5 ~ 5.0	3.5 ± 0.5		≤5	≤3				≤60	起程27 ~ 30 行程120 ~ 123	快速型线圈	
9	110	LW25-126	西开	2000	≤40	20 ~ 30	≤150	4.8 ± 0.5	2.8 ± 0.5	10%到断口	≤4	≤2				40~50	150+2-4 触头行程27 ± 2		
10	110	LW25A-126	西开	3150	≤45	≤30	≤120	4.2 ~ 4.8	1.4 ~ 2.1	10%到断口	≤4	≤2				≤60			
11	220	LW10B-252W(单断口)	河南平高	3150	≤45	≤32	≤100	9 ± 1	4.6 ± 0.5		≤5	≤3				50 ± 10	200 ± 1		
12	220	LW6B-252	平开	3150	≤80 断口≤35	≤32	≤90	6+1/-0.5	4 ± 0.6	合前36mm,分后72mm	≤5	≤3	≤3	≤2		35 ~ 60	150 ± 1	星沙改造LW6改LW6B	
13	220	LW6B-252	平开	3150	≤80 断口≤35	≤32	≤90	6+1/-0.5	4 ± 0.6	合前36mm,分后72mm	≤5	≤3	≤3	≤2		60 ± 5	150 ± 1		
14	220	LW15-252	西开	3150	≤42	≤25	≤100	9 ~ 10	3.8 ~ 4.3	10%到断口	≤4	≤3				30 ± 15	230动触头接触行程27 ± 2	气动机构;液压机构金短40 ± 10;弹簧机构45 ± 10	

续表

序号	电压等级(kV)	断路器型号	生产厂家	额定电流(A)	回路电阻(μΩ)	固分时间(ms)	固合时间(ms)	刚分速度(ms)	刚合速度(ms)	速度定义	三相合同期差(ms)	三相分同期差(ms)	同相合同期差(ms)	同相分同期差(ms)	弹跳时间(ms)	金属短路时间	行程(mm)	备注1	备注2
15	500	LW15-550	西高	4000	≤75	14 ~ 18	70 ~ 94	8.9 ~ 10.7	3.4 ~ 4.2	总行程10%到断口的平均速度	≤5	≤3	≤3	≤2		30 ~ 55	行程230(实测140,换算至灭弧室230)	气动弹簧机构,触头超行程27 ± 2mm	
16	110	GL312	苏州ALSTOM	3150	≤60	28+5-3	68 ± 5	6.4 ± 0.8	4.5 ± 1		≤5	≤3				≤60	150		
17	110	GL312F1	苏州ALSTOM	3150	≤51	28+5-3	68 ± 5	6.4 ± 0.8	4.5 ± 1		≤4	≤2.5					150		
18	500	LW10B-550W/CYT	河南平高	4000	≤90	18 ~ 23	65 ± 15	8.5 ± 1.0	4.4 ± 0.5	合前分后10ms	≤5	≤3	≤3	≤2		55 ± 5	200 ± 2		
19	110	LW46-126/T3150-40	湖南天鹰	3150	≤45	28 ± 5	110	4.8 ± 0.5	2.8 ± 0.5		≤5	≤3				≤60	行程150		
20	110	LW35-126	平高	3150	≤45	27 ± 3	100 ± 20	3.6 ~ 4.6	2.5 ~ 3.1	合前分后10ms	≤5	≤3				≤50	150 ± 4触头行程25-2+3		
21	220	LW10B-252W/CYT-50	河南平高	3150	≤45	20 ± 3	50 ± 10	9 ± 1	4.6 ± 0.5		≤5	≤3				50 ± 10	200 ± 1		
22	500	3AT2EI(石墨)	杭州西门子	4000	75 ± 5	30 ± 2	80 ± 5	9.1 ± 1.0	4.5 ± 0.5		≤5	≤3	≤3	≤2		40 ± 5	230 ± 10,石墨长29.9	标准型线圈	
23	500	3AT2EI(石墨)	杭州西门子	4000	75 ± 5	17 ± 2	80 ± 5	10.0 ± 1.0	4.1 ± 1.0		≤5	≤3	≤3	≤2		40 ± 5	230 ± 10,石墨长29.9	快速型线圈	
24	500	GL317	苏州AREVA	4000	≤95	18 ~ 24	92 ~ 112	4.41 ~ 6.17	2.08 ~ 3.08		≤5	≤3	≤3	≤2		45 ~ 70	125 ± 2		
25	110	LW29-126/T3150-31.5	湖开	3150	60	30 ~ 45	≤110	5.5 ± 0.5	2.3 ± 0.5	合前50 ~ 20mm的平均速度;分后20 ~ 50mm的平均速度	≤5	≤3					145		
26	220	LW35S-252	平高	4000	≤60	18~23	70 ± 10	8 ± 1	3.6 ± 0.6		≤5	≤3				55 ± 5	180 ± 1		
27	220	LW35-252/T4000-50	平高	4000	≤60	27 ± 4	≤100	8.0 ± 0.5	3.6 ± 0.6	分前20 ~ 50mm	≤5	≤3				40 ± 10	180+2-4		
28	220	GL314	苏州AREVA	4000	≤48	16 ~ 26	58 ~ 78	6.3 ~ 8.8	4.5 ~ 6.6	合前分后7ms	≤5	≤3				17 ~ 67		配Fk3-1/131操动机构	
29	220	GL314	苏州AREVA	4000	≤48	14~24	80~100	出厂约4.9	出厂约2.6	合前分后7ms	≤5	≤3				40 ~ 70		配Fk3.07操动机构	

续表

序号	电压等级(kV)	断路器型号	生产厂家	额定电流(A)	回路电阻(μΩ)	固分时间(ms)	固合时间(ms)	刚分速度(ms)	刚合速度(ms)	速度定义	三相合同期差(ms)	三相分同期差(ms)	同相合同期差(ms)	同相分同期差(ms)	弹跳时间(ms)	金属短路时间	行程(mm)	备注1	备注2
30	35	3AP1-FG-145kW(金属)	杭州西门子	4000	25±4	22±2	55±8	4.0±0.5	4.6±0.5		≤3	≤2				30±10	120	2014年	
31	220	3AP1-FI(金属)	杭州西门子	4000	33±5	26±2	63±6	出厂约5.6	出厂约4.7		≤3	≤2				45±5			
32	220	3AP1FI-252(金属)	杭州西门子	4000	33±5	26±2	63±6				≤3	≤2				45±5或60±10	155	快速型线圈	
33	220	3AP1FI-252(金属)	杭州西门子	4000	33±5	37±4	63±6	出厂约5.1	出厂约3.8		≤3	≤2				45±5或60±10	155	标准型线圈	
34	500	GL317XD	苏州AREVA	4000	≤110	21~27	94~114				≤5	≤3	≤4	≤2		52~85		带合闸电阻	
35	220	LW30-252/T4000-50	山东泰开	4000	≤70	30±7	90±15	8.4±06	4.4±06	合前分后40%行程的平均速度	≤4	≤2				≤60	行程200		
36	110	LW30-126	山东泰开	3150	≤60	33±7	97±15	4.5±0.5	2.3±0.4	合前分后40%行程的平均速度	≤5	≤3				≤60	行程150		
37	500	GL317X	苏州AREVA	4000	≤96	20~26	99~109	4.5~6.1	2.0~3.0		≤5	≤3	≤4	≤2		52~85			
38	35	LTB72.5D1/B	北京ABB	3150	≤40	19~25	≤40	5.0~5.2	4.6~4.8		≤5	≤3				≤42	109.5~111.7		
39	10	VCT1	山东泰开	1250	45	20~50	35~70				≤2	≤2			≤2				
40	10	VCT1	山东泰开	4000	30	20~50	35~70				≤2	≤2			≤2				
41	220	LWG9-252(GIS)	西开	3150		15~24	55~83				≤5	≤3				40~60			
42	500	GSR-500R2B(GIS)	平高东芝	4000		15~20	70~90				≤5	≤3				40~60			
43	110	LWG2-126(GIS)	西开	2000		21~33	90~120	4.1~4.8	1.7~2.4		≤4	≤2				40~60			
44	110	ZF6A-252/Y-CB	新东北(沈阳)电气高压开关厂	2500		19±5	60±10	8.3±0.6	4.2±0.6	10%到断口	≤5	≤3				≤60			
45	220	ZF11-252(L)CYT	河南平高	3150		19±3	50±10	10±1	5±0.5	合前分后10ms	≤5	≤3				55±5	220	线路间隔	旋转探头
46	220	ZF11-252(L)CYT	河南平高	3150		18~23	70±10	8±1	2.8±0.5	合前分后10ms	≤5	≤3				55±5	220	主变压器、母联间隔	旋转探头
47	500	3AP2-F1(金属)	杭州西门子	4000	60±10	21±2	63±6	出厂约6.4	出厂约3.8	合前分后10ms	≤5	≤2	≤3	≤2		40±10	168	昆山5033	

附录B　断路器常见部件的技术参数要求

断路器常见金属部件技术监督要求见表B1。

表B1　断路器常见金属部件技术监督要求

序号	金属	牌号	主要性能	常见应用部件	常见处理工艺	技术要求	常见问题
1	碳素结构钢	Q235	含碳适中，综合性能较好，强度、塑性和焊接等性能得到较好配合	底座槽钢	热浸镀锌	（1）无局部变形、破损、裂纹等缺陷，规格符合设计要求且厚度不小于8mm； （2）镀锌层厚度最小值不低于70μm，平均值不低于86μm	镀锌层厚度不合格
		Q235	含碳适中，综合性能较好，强度、塑性和焊接等性能得到较好配合	接地扁铁	热浸镀锌、焊接	（1）镀锌层厚度最小值不低于70μm，平均值不低于86μm； （2）焊接时应保证搭接面积不低于2倍扁铁宽度，三棱边施焊； （3）焊接部位外侧100mm范围内应做防腐处理	（1）镀锌层厚度不合格； （2）焊接工艺或防腐工艺不合格
		Q235	含碳适中，综合性能较好，强度、塑性和焊接等性能得到较好配合	基础地脚螺栓、紧固螺栓、传动连杆、传动拉杆等	热浸镀锌	（1）外观完好，无锈蚀、变形等缺陷，规格、强度等级符合设计要求； （2）局部厚度不小于40μm，平均厚度不小于54μm	（1）材质选型不当，脆性大或强度不够； （2）镀锌层厚度不合格
		Q275	强度、硬度较高，耐磨性较好	传动机构轴承、链轮、齿轮等	电镀锌	封闭箱体内的机构零部件宜电镀锌，电镀锌后应钝化处理，机构零部件电镀层厚度不宜小于18μm，紧固件电镀层厚度不宜小于6μm	（1）材质选型不当，脆性大或强度不够； （2）镀锌层厚度不合格
		60Mn–70Mn	强度和弹性高	分、合闸弹簧	磷化电泳工艺防腐处理	（1）表面不允许有划痕、碰磨、裂纹等缺陷。内外径、自由高度、垂直度、直线度、总圈数、节距均匀度等符合设计及GB/T 23934—2015《热卷圆柱螺旋压缩弹簧技术条件》的要求； （2）宜采用磷化电泳工艺防腐处理，涂层厚度不小于90μm，附着力不小于5MPa	（1）材质不合格，易疲劳； （2）防腐处理不到位，易锈蚀

续表

序号	金属	牌号	主要性能	常见应用部件	常见处理工艺	技术要求	常见问题
2	不锈钢	304（06Cr19Ni10）	具有良好的耐蚀性、耐热性、低温强度和机械特性，具有良好的加工性能和可焊接性	机构箱、端子箱箱体、表计防雨罩	锻造工艺	Mn 含量不大于 2% 的奥氏体不锈钢，箱体厚度不低于 2mm	（1）材质厚度不合格；（2）材质检验不合格
		304（06Cr19Ni10）	具有良好的耐蚀性、耐热性、低温强度和机械特性，具有良好的加工性能和可焊接性	传动连杆	锻造工艺	（1）Mn 含量不大于 2% 的奥氏体不锈钢；（2）强度、硬度满足设计要求，无裂纹、重皮等缺陷	（1）采用铸造代替锻造，存在大量铸造缺陷，易发生断裂缺陷；（2）奥氏体不锈钢应变诱发马氏体转变，耐腐蚀性和韧性下降，易产生裂纹
		316（06Cr17Ni12Mo2）	具有较强的耐蚀性和耐高温强度，腐蚀性能优于 304 不锈钢，耐高温可达到 1200 ~ 1300℃，可在苛刻的条件下使用，具有良好的加工性能和可焊接性	卡箍、球体、阀体、阀座、阀杆等	锻造工艺 / 铸造工艺	表面不应有划痕、锈蚀、变形等缺陷，规格符合设计要求	使用于高压运行环境的零部件采用的铸造工艺而非锻造工艺，导致零部件承压能力不足，易产生裂纹
		631（0Cr17Ni7AI）	高强度、高硬度、抗疲劳，具有良好的耐腐蚀性和可模锻性，具有较好的弹簧性能	分、合闸储能弹簧	锻造工艺	（1）表面不允许有划痕、碰磨、裂纹等缺陷；（2）内外径、自由高度、垂直度、直线度、总圈数、节距均匀度等符合设计及 GB/T 23934—2015 的要求；（3）宜采用磷化电泳工艺防腐处理，涂层厚度不小于 90μm，附着力不小于 5MPa	材质选型不正确，易疲劳，易锈蚀，极端情况下发生断裂
3	铜及铜合金	T2 纯铜（Cu）	具有良好的导电、导热、耐蚀和加工性能，可以焊接和钎焊	主触头、接地铜排	镀银 / 搪锡	（1）铜 + 银含量不低于 99.9%，镀银层厚度符合设计要求，硬度不小于 120HV，镀锡层厚度不低于 12μm，导电率不低于 97%IACS；（2）镀层表面无裂纹、起泡、毛刺、色斑、划伤等缺陷	（1）材质不纯，铜含量低于标准要求；（2）镀银 / 搪锡的硬度或厚度不满足要求
		普通黄铜（Cu-Zi 合金）	具有较强的耐磨性能和耐化学腐蚀性能	阀门、气路管道	铸造工艺	无砂眼、渣眼、裂纹等缺陷，公差配合满足要求	材质不合格，存在裂纹等缺陷造成漏气
		铜钨合金（Cu-W 合金）	具有耐高温，耐电弧烧蚀，高比重和高导电导热性能并且易于机械加工，适用于焊接电极中使用	铜钨触头	粉末冶金	（1）铜钨触头与导电端接合面抗拉强度不小于 185MPa；（2）铜钨触头气孔或夹杂物长度不超过 0.5mm，缺陷总面积不大于磨片面积的 5%	铜钨触头与导电端结合力不够，造成触头脱落

续表

序号	金属	牌号	主要性能	常见应用部件	常见处理工艺	技术要求	常见问题
4	铝及铝合金	纯铝（Al）	导电导热性能好，抗腐蚀性能好，塑性加工性能好	设备线夹、过渡接线板等	锻造工艺	（1）纯度为98%～99.7%； （2）表面平整、光洁	采用铸造工艺，机械强度不足，产生裂纹或断裂
		5系铝合金（Al-Mg合金）	抗拉强度高，疲劳强度好，抗腐蚀性、氧化性强，加工性能好	接线板	锻造、轧制工艺	（1）导电率满足设计要求，防腐性能满足设计要求； （2）表面平整、光洁	（1）选型不合理，误用2系Al-Cu或7系Al-Cu-Mg-Zn铝合金，产生剥蚀等现象； （2）采用铸造工艺，机械强度不足，产生裂纹或断裂
		6系铝合金（Al-Mg-Si合金）	抗拉强度高，疲劳强度好，抗腐蚀性、氧化性强，加工性能好	充气接头	锻造工艺	防腐性能满足要求，无裂纹等缺陷	选型不合理，误用2系Al-Cu或7系Al-Cu-Mg-Zn铝合金，产生剥蚀等现象
		7系铝合金（Al-Cu-Mg-Zn合金）	具有很高的硬度，良好的耐磨性，良好的焊接性，但耐腐蚀性较差	操动机构机芯、传动连杆及拐臂等	锻造、铸造工艺	防腐性能满足要求，无裂纹等缺陷	承压零部件处理工艺不正确，采用铸造工艺，机械强度不足，产生裂纹或断裂

参考文献

李喜桂，秦红三，熊昭序．交流高压SF_6断路器检修工艺．北京：中国电力出版社，2009.